MENAXHIMI I PROJEKTEVE INFORMATIKE

PRAKTIKAT MË TË MIRA

Kostaq Cipo
Programator Analist

Menaxhimi i Projekteve Informatike - Praktikat Më Të Mira

Redaktimi nga Kostaq Cipo

ISBN-13: 978-1500592622
ISBN-10: 1500592625

First Edition: July 2014
Botimi i Parë: Korrik 2014

10 9 8 7 6 5 4 3 2 1

PËRMBAJTJA

MENAXHIMI I PROJEKTEVE TË TIK 5

PRAKTIKAT E MENAXHIMIT TË PROJEKTEVE 8

DORËZIMI I SUKSESSHËM I PRODUKTIT 33

KONTROLLI I NDRYSHIMEVE DHE PËRMIRËSIMI I CILËSISË 44

PESË SFIDAT E PLANIFIKIMIT AGILE 58

MENAXHIMI I KËRKESAVE TË PROJEKTIT 75

VLERA E KËRKESAVE MË TË MIRA PËR BIZNESIN 93

SHKRUANI KËRKESA ME CILËSI TË LARTË 113

TERMA TË MENAXHIMIT TË PROJEKTEVE 141

DISA KËSHILLA TË FUNDIT 160

INDEKSI 162

"The most important single aspect of software development is to be clear about what you are trying to build"

Bjarne Stroustrup

HYRJE

MENAXHIMI I PROJEKTEVE TË TIK

ÇFARË ËSHTË MENAXHIMI I PROJEKTEVE TË TIK?

Menaxhimi i projekteve të TIK[1] është një fushë e menaxhimit të projekteve e cila e vë theksin tek Teknologjia e Informacionit. Kjo formë e menaxhimit të projektit ndryshon nga format e tjera për vetë metodat specifike që ajo përdor për të studiuar dhe menaxhuar mënyrat dhe rrugët se si informacioni trajtohet dhe manovrohet me anë të pajisjeve fizike informatike (hardware) si dhe me anë të programeve informatike (software).

Për një përkufizim më pak abstrakt të Menaxhimit të Projekteve të TIK, mund të analizojmë këto dy pyetje: *"Çfarë është TIK?"* dhe *"Çfarë është një Projekt i TIK?"* Jemi përpjekur t'i përgjigjemi këtyre pyetjeve më poshtë duke shpjeguar disa aspekte themelore të menaxhimit të projekteve në fushën e TIK.

ÇFARË ËSHTË TIK?

Teknologjia e Informacionit dhe Komunikacionit përbëhet prej "mjeteve, proçeseve, metodologjive dhe pajisjeve përkatëse të ndërlidhura të cilat përdoren për të mbledhur, proçesuar dhe paraqitur informacionet." Me fjalë të tjera teknologjia e informacionit dhe komunikacionit përfshin gjithçka që lidhet me përpunimin

---

[1] Teknologjia e Informacionit dhe Komunikacionit

informatik të të dhënave.

ÇFARË ËSHTË NJË PROJEKT I TIK?

Ashtu si çdo projekt tjetër, një projekt i TIK është një përpjekje e përkohshme (me një datë fillimi dhe një datë përfundimi) për të prodhuar një objektiv specifik të finalizuar.

Disa shembuj projektesh në fushën e TIK janë:

1. Zhvillim i programeve kompjuterike, i aplikacioneve për celulare, tableta ose i një video loje;
2. Projektimi i arkitekturës hardware për një platformë kompjuterike;
3. Programim dhe zhvillim i një dyqani tregtimi online (e-commerce);
4. Siguria e të dhënave në një rrjet social apo server bankar.

Në ditët tona teknologjia e informacionit është një industri e cila ka një rritje shumë të shpejtë dhe një shtrirje gjithnjë e më të madhe në të gjitha aktivitetet njerëzore dhe si rezultat edhe projektet të cilat nuk janë të përcaktuara saktësisht si "TIK" (siç janë p.sh. ato në industrinë e ndërtimit apo shërbimeve) nuk janë plotësisht të ndara nga TIK. Për shembull, një koncert nuk është një projekt i TIK, por artistët që marrin pjesë në të mund ta reklamojnë ngjarjen duke krijuar një website të ri.

 Si përfundim mund të themi se Menaxhimi i Projekteve të TIK është baza e njohurive të cilës i referohen Menaxherët e Projekteve të TIK në mënyrë që të zhvillojnë dhe plotësojnë me sukses projektet e tyre.

Menaxhimi i Projekteve të TIK përbëhet nga metodologji dhe programe të ndryshme informatike të cilat ndihmojnë në planifikimin, administrimin dhe zbatimin e një projekti.

Menaxheri i Projektit është përgjegjës për të mbledhur, organizuar dhe drejtuar burimet e nevojshme për të ekzekutuar dhe përfunduar një projekt duke prodhuar rezultatin më efikas të mundshëm.

PJESA E PARË

PRAKTIKAT E MENAXHIMIT TË PROJEKTEVE

Menaxhimi i projekteve të zhvillimit të programeve dhe sistemeve informatike është një proçes i vështirë edhe në rastet kur ai zhvillohet në kushtet e tij më të mira. Vështirësia e menaxhimit të këtyre projekteve qëndron në faktin se menaxheri i projektit duhet të balancojë interesat e palëve të interesuara kundrejt shtrëngesës së afateve kohore dhe burimeve të kufizuara, kundrejt teknologjive në ndryshim të përhershëm si dhe kundrejt kërkesave sfiduese nga presioni i lartë që ushtrohet mbi të nga palët e interesuara në projekt.

Menaxhimi i projekteve është një akt ekuilibri, i njëjtë me ato të zhonglerëve te cirkut. Për fat të keq shumë menaxherë projektesh kanë pak trajnim dhe njohuri për të kryer këto detyra dhe aktivitete si dhe për të drejtuar projekte të tilla në mënyrë profesionale.

Çdokush mund të mësojë të krijojë një diagramë Gantt, por një menaxher efektiv projektesh mbështetet në idetë dhe aplikimet praktike që vijnë nga eksperienca. Duke studjuar copëza nga eksperiencat e atyre të cilët janë ndeshur më parë në llogoret e menaxhimit te projekteve, menaxheri i projektit mund të kursejë kohë, energji dhe të shmangë gabime nganjëherë fatale.

Kur filloni një projekt të ri, lexoni fillimisht këtë listë me praktikat më të mira të menaxhimit të projekteve për të parë se cilat prej tyre mund të krijojnë një vlerë të shtuar për projektin tuaj. Pastaj ndërtoni aktivitetet korresponduese brenda mënyrës tuaj të të menduarit dhe planifikimit. Mos harroni se asnjë praktikat e përshkruara këtu apo në publikime të ngjashme nuk janë zgjidhja magjike e problemeve me të cilat do të ndesheni gjatë menaxhimit të projekteve. Gjithashtu mbani mend që edhe praktikat "më të mira" janë relative kundrejt situatave specifike me të cilat do të ndesheni. Këto praktika duhet të aplikohen në mënyrë të përzgjedhur dhe të menduar mirë, në ato raste dhe situata kur do t'i japin një vlerë të shtuar projektit tuaj specifik.

Në pjesën e parë të këtij publikimi do ju parashtrojmë 20 praktika të vlefshme për menaxhimin e projekteve informatike (si dhe të çdo lloj projekti tjetër) dhe në vazhdim do të përqëndrohemi në fazën e grumbullimit të kërkesave dhe të të dhënave të një projekti si dhe në disa praktika dhe metodologji të suksesshme në menaxhimin e këtyre projekteve.

Ne i kemi ndarë këto praktika të vlefshme në *Pesë Kategori* kryesore si më poshtë:

1. VENDOSNI THEMELET E PROJEKTIT
2. PLANIFIKONI PROJEKTIN
3. VLERËSONI PUNËN E KRYER
4. GJURMONI PROGRESIN E KRYER
5. MËSONI PËR TË ARDHMEN

I. VENDOSNI THEMELET E PROJEKTIT

 **PËRCAKTONI KRITERET E SUKSESIT TË PROJEKTIT**

Në fillim të projektit sigurohuni që të gjitha palët e interesuara të kuptojnë dhe të ndajnë të njëjtën shkallë dhe mënyrë matje të suksesit të projektit. Filloni duke identifikuar cilat janë palët e interesuara në projekt si dhe cilat janë interesat dhe pritshmëritë e tyre ndaj këtij projekti.

Hapi tjetër do të jetë të përcaktoni synime dhe objektiva pune të matëshme. Në varësi të fushës dhe industrisë në të cilën punoni, disa nga këto objektiva dhe synime mund të jenë p.sh. si më poshtë:

1. Rritja e pjesës së tregut në një nivel të caktuar brenda një date të caktuar.
2. Arritja e një volumi të përcaktuar shitjesh ose të ardhurash.
3. Arritja e përmasave të caktuara të kënaqësisë së klientëve.
4. Kufizimi i shpenzimeve të kompanisë duke nxjerrë nga përdorimi një sistem informatik të vjetëruar.

Këto objektiva pune duhet të nënkuptojnë dhe të përmbajnë kritere specifike suksesi të cilat duhet të jenë të identifikueshme dhe të matshme në çdo moment. Këto objektiva mund të përmbajnë *plane, grafika* dhe *buxhete* për përmbushjen e tyre, funksione të cilat plotësojnë kushtet e testimeve të pranimit, përputhjen me standarded e industrisë përkatëse e rregullatore të qeverisë ose arritjen e gurëve kilometrikë specifikë për një industri të caktuar.

Nëse këta faktorë nuk do të rradhiten dhe nuk do të përputhen qartësisht me suksesin e biznesit tuaj, atëhere nuk do të ketë më rëndësi nëse ju do ta dorëzoni projektin në bazë të specifikimeve të përcaktuara si dhe në kohën e duhur e brenda buxhetit të caktuar.

Jo të gjitha këto kritere të përcaktuara suksesi mund të jenë prioriteti juaj kryesor. Do ju duhet sigurisht të merrni disa vendime përzgjedhëse të menduara mirë në mënyrë që të jeni i sigurt se keni kënaqur dhe përmbushur prioritetet tuaja më të rëndësishme për këtë projekt.

2   IDENTIFIKONI SHTYTËSIT, KUFIZIMET DHE SHKALLËT E LIRISË SË PROJEKTIT

Çdo projekt duhet të balancojë funksionet, burimet njerëzore, buxhetin, afatet si dhe objektivat e cilësisë. Ju duhet të përcaktoni secilin nga këto *Pesë Dimensione* të projektit si një detyrim shtrëngues brenda të cilit duhet të veproni, si një shtytës të fuqishëm ose si një shkallë lirie të cilën mund ta përshtasni brenda disa caqeve të përcaktuara.

Këto *Pesë Dimensione* janë:

1. FUNKSIONET
2. BURIMET NJERËZORE
3. BUXHETI
4. AFATET
5. OBJEKTIVAT

Tashti kemi një lajm të keq për ju. Jo të gjithë faktorët mund të jenë shtrëngues dhe jo të gjithë faktorët mund të jenë shtytës. Nëse ju janë dhënë një grup i caktuar karateristikash të projektit të cilat duhen dorëzuar pa asnjë lloj gabimi e brenda një date të caktuar nga një ekip i përcaktuar në numur dhe me një buxhet të përcaktuar dhe të pandryshueshëm, ka shumë mundësi që ju do të dështoni.

Një projekt tepër kufizues dhe shtrëngues nuk i le as shteg dhe as fleksibilitet menaxherit të projektit që të përballojë ndryshimet e kërkesave të projektit, lëvizjet ose mungesat në ekipin e projektit, rreziqet që shfaqen gjatë rrugës ose vështirësi të tjera të paparashikuara dhe të papritura.

 Le të studiojmë për një moment skenarin e mëposhtëm.

Një menaxher me përvojë dhe një drejtues projekti janë duke debatuar sesa kohë do të duhet për të dorëzuar një sistem informatik të ri dhe kompleks i cili është planifikuar që më parë. Hamendësimi i menjëhershëm i drejtuesit të projektit është se do duhet katër herë më shumë kohë sesa objektivi prej gjashtë muajsh i cili është përcaktuar nga menaxheri me përvojë. Sapo dëgjon këtë vlerësim, menaxheri me përvojë i bën presion drejtuesit të projektit që të pranojë afatin më të shkurtër prej gjashtë muajsh dhe drejtuesi i projektit i përgjigjet thjesht me një "OK". Një përgjigje më e mirë do të kishte qënë të uleshin, të diskutonin dhe të mirëkuptoheshin për një afat realist të përfundimit të projektit. Kjo mund të arrihej duke i dhënë përgjigje bashkarisht pyetjeve të mëposhtëme:

- ✓ A do ndodhë diçka drastike nëse ne nuk e dorëzojmë projektin për 6 muaj? *(Në këtë rast afati është një shtrëngesë).* Apo kjo datë është thjesht një afat i dëshirueshëm dorëzimi? *(Në këtë rast afati është një nxitës).*

- ✓ Nëse afati 6 mujor është një shtrëngesë e prerë, atëhere cilat nëngrupe funksionalitetesh të kërkuara duhen dorëzuar absolutisht brenda këtij afati? *(Në këtë rast karakteristikat janë një shkallë lirie).*

- ✓ A mund të shtohet numri i pjesëtarëve të ekipit të projektit? *(Në këtë rast personeli është një shkallë lirie).*

- ✓ A ka rëndësi për ju sesa mirë do të funksionojë produkti? *(Në këtë rast cilësia është një shkallë lirie).*

- ✓ A mund të marr më shumë fonde për të nënkontraktuar një

pjesë të punës së projektit? *(Në këtë rast kosto është një shkallë lirie).*

3 PËRCAKTONI KRITERET E DORËZIMIT TË PROJEKTIT

Vendosni që herët gjatë fazave të para të zhvillimit të projektit se cilat kritere do ju tregojnë nëse produkti është gati për t'u dorëzuar.

Disa shembuj të kritereve të mundshme të dorëzimit mund të jenë:

1. Nuk ka defekte të prioritetit të lartë ende të pariparuara;
2. Numri i defekteve të pariparuara është ulur për X javë dhe numri i vlerësuar i defekteve të mbetura është i pranueshëm;
3. Objektivat e performancës janë arritur në të gjitha platformat e synuara;
4. Funksionaliteti specifik i kërkuar është plotësisht në gjendje pune;
5. Objektivat sasiore të besueshmërisë janë plotësuar kënaqshëm;
6. Qëllimet e përcaktuara ligjore, kontraktuale dhe rregullatore janë përmbushur;
7. Kriteret e pranimit të klientit janë plotësuar kënaqshëm.

Çfarëdo kriteresh që ju zgjidhni, ato duhet të jenë realiste, objektivisht të matëshme, të dokumentuara dhe në linjë me kërkesat e cilësisë së klientit tuaj.

Vendosni që në fillim sesi do të përcaktoni momentin kur mund ta quani punën tuaj të kryer, sesi do të ndiqni progresin drejt qëllimit përfundimtar dhe sesi do t'i bëni ballë ballafaqimeve me presionet për të dorëzuar projektin ose pjesë të tij përpara se produkti të jetë plotësisht i gatshëm për punë dhe funskionim në jetën e përditshme.

4 NEGOCIONI ANGAZHIME REALISTE DHE TË ARRITSHME

Pavarësisht presionit për të premtuar të pamundurën, nuk duhet kurrë të merrni një angazhim të cilin e dini që nuk do të mund ta mbani. Hyni në negociata mirëbesimi me klientët, me menaxherët dhe me anëtarët e ekipit në mënyrë që të gjithë të jeni dakord me objektivat të cilat duhet të jenë realisht të arritshme.

Bisedimet janë të nevojshme sa herë që ka një hendek ndërmjet afateve ose funksionaliteteve që kërkojnë palët e interesuara në projekt dhe parashikimit tuaj më të mirë për to, siç mishërohet në vlerësimet tuaja të projektit.

Negocimi parimor përfshin këto *katër norma* dhe rregulla kryesore:

1. Ndajini njerëzit nga problemi;
2. Përqëndrohuni tek interesat, jo tek pozicionet;
3. Krijoni mundësi të reja për përfitime reciproke;
4. Insistoni në përdorimin e kritereve objektive.

Çdo e dhënë që mund të keni nga projektet e mëparshme do të forcojë pozicionin tuaj negociues, kryesisht për shkak se personi me të cilin jeni duke negociuar ka shumë gjasa që të mos ketë fare të dhëna dhe informacion. Megjithatë nuk ka asnjë mekanizëm me të vërtetë mbrojtës kundër njerëzve që janë vërtet të paarsyeshëm.

Megjithatë nuk ka asnjë mekanizëm me të vërtetë mbrojtës kundër njerëzve që janë vërtet të paarsyeshëm.

Planifikoni që të rinegocioni angazhimet tuaja atëhere kur realitetet e projektit (të tilla si ato të personelit, buxhetit apo afateve) do të ndryshojnë, kur të lindin problemet e papritura, kur të materializohen rreziqet apo kur të shtohen kërkesa të reja për projektin.

Askujt nuk i pëlqen që të ndryshojë angazhimet e marra. Por nëse realiteti tregon se angazhimet fillestare nuk mund të arrihen, atëhere mos pretendoni që ato duhet të mbeten të pandryshueshme dhe të ngurta deri kur të vijë momenti i të vërtetës zhgënjyese.

II. Planifikoni Projektin

 **5 Shkruani Një Plan Projekti**

Disa njerëz besojnë se koha e shpenzuar për të shkruar një plan projekti mund të shpenzohet më mirë duke shkruar kodin e një programi informatik, por unë nuk jam dakort me këtë mënyrë të menduari. Pjesa e vështirë e punës nuk është të shkruash planin e projektit. Pjesa e vështirë është të bësh planifikimin, proçesin e të menduarit, konceptimin, negocimin, balancimin, pyetjet, marrjen e përgjigjeve duke dëgjuar palët e interesuara dhe pastaj të rifilloni proçesin e të menduarit përsëri nga e para kur dhe nëse është e nevojshme.

Aktualisht proçesi i shkrimit të planit të projektit është më së shumti transkriptimi i gjithë këtyre hapave dhe proçeseve të ndërmarra paraprakisht. Koha që keni shpenzuar duke analizuar se çfarë do t'ju duhet për të zgjidhur problemin do të reduktojë numrin e surprizave që do të hasni më vonë në projekt.

Një plan i dobishëm është shumë më tepër sesa thjesht përcaktimi i disa afateve ose listave me detyra që duhen kryer. Një plan i dobishëm gjithashtu do të përfshijë:

1. Planifikimin dhe vlerësimin e personelit, buxhetit dhe burimeve të tjera të nevojshme;
2. Rolet dhe përgjegjësitë e ekipit të projektit;
3. Si do të gjeni dhe si do të trajnoni personelin e nevojshëm;
4. Supozimet, varësitë dhe rreziqet;
5. Datat e synuara për dorëzimin e pjesëve kryesore të projektit;

6. Identifikimin e ciklit jetësor të zhvillimit të softuerit që do të ndiqet gjatë projektit;
7. Si do të ndiqni dhe do të monitoroni përparimin e projektit;
8. Metrikën që do ju duhet të mblidhni dhe do të analizoni;
9. Si do të menaxhoni marrëdhëniet më nënkontraktorët e projektit.

Organizata ose kompania juaj duhet të miratojë disa dokumenta standarde të planifikimit dhe të menaxhimit të projekteve softuerike, të cilat pastaj çdo menaxher projekti mund t'i ndryshojë duke ja përshtatur sa më mirë nevojave të tij ose të saj. Nëse ju menaxhoni tipe të ndryshme projektesh, duke filluar që nga projektet e mëdha të zhvillimit dhe hedhjes në treg të produkteve të reja ose projekte më të vogla që kanë të bëjnë me përmirësime të produkteve ekzistuese, ju duhet të krijoni dhe të miratoni një model të veçantë dokumentash për menaxhimin dhe planinfikimin e këtyre projekteve, për secilën klasë projektesh.

Plani i projektit nuk duhet të jetë më i gjatë osë më i përpunuar nga sa është e nevojshme për të siguruar që ju do ta ekzekutoni atë me sukses. Një faqe edhe mund të mjaftojë në disa raste. Por shkruani gjithmonë një plan.

 ## SHPËRBËJINI DETYRAT E PROJEKTIT NË PJESËZA MË TË VOGLA

Shpërbërja e detyrave të mëdha në detyra më të vogla ju ndihmon t'i vlerësoni ato në mënyrë më të saktë, ju ndihmon të identifikoni aktivitete të punës që nuk i kishit menduar më parë dhe ju lejon të ndiqni statusin e projektit në mënyrë më të hollësishme dhe më të saktë.

Kur kryeni këtë lloj operacioni, ndajini pjesëzat e shpërbëra të detyrave në një madhësi të tillë që ju ta mendoni se mund t'i vlerësoni më me saktësi. Një fillim i mirë p.sh. do ishin detyra të cilat kërkojnë rreth 5 deri në 15 orë punë për t'u kryer. Detyrat të cilat neglizhohen ndikojnë gjithmonë në shtyrjen e afateve të projektit.

Shpërbërja e detyrave të mëdha në detyra më të vogla do t'ju zbulojë më shumë detaje rreth punës që ende duhet kryer si dhe do të përmirësojë aftësinë tuaj për të krijuar vlerësime të sakta. Ju mund të ndiqni përparimin e projektit bazuar në numrin e detyrave të vogla që ekipi ka plotësuar dhe i ka përfunduar në një periudhë të dhënë kohe, duke i krahasuar pastaj me ato që kishit planifikuar se duhet të ishin plotësuar deri në atë periudhë kohë.

7 ZHVILLONI FLETË PUNE PLANIFIKUESE PËR AKTIVITETE TË ZAKONSHME RUTINË

Nëse ekipi juaj ndërmerr shpesh aktvitete të zakonshme rutinë si p.sh. implemetimi i një klase të re, ekzekutimi i një cikli testimesh të sistemit ose ndërtimi i një produkti, atëhere duhet të krijoni modele fletësh pune planifikuese dhe organizuese për këto detyra. Secila fletë pune model duhet të përfshijë të gjitha hapat e nevojshme për kryerjen e detyrës specifike. Këto lista dhe fletë pune do të ndihmojnë secilin anëtar të ekipit për të identifikuar dhe vlerësuar përpjekjet që lidhen me çdo pjesë të detyrës së madhe të cilën ai/ajo është duke kryer.

Njerëzit punojnë në mënyra të ndryshme dhe asnjë person i vetëm nuk mund të mendojë për të gjitha detyrat që duhen kryer. Angazhoni shumë anëtarë të ekipit në zhvillimin e këtyre fletëve të punës. Përshtatini fletët e punës në mënyrë të tillë që ato të përmbushin nevojat specifike të projekteve individuale. Ato do ju ndihmojnë për të shmangur harresën e ndonjë hapi të rëndësishëm në vrullin tuaj për të përfunduar projektin.

8 PLANIFIKONI TË RIPUNONI DISA DETYRA PAS NJË KONTROLLI CILËSIE

Disa hapa planifikimi të projektit presupozojnë që çdo provë e një etape do të jetë një sukses dhe kjo do ju lejojë të kaloni në aktivitetin e rradhës drejt plotësimit të projektit. Megjithatë pothuajse të gjitha aktivitetet e kontrollit të cilësisë si p.sh. aktivitetet e testimit dhe komentet e kolegëve zakonisht gjejnë defekte apo mundësi për përmirësime të mëtejshme. Afatet e parashikuara të projektit duhet të përfshijnë ripunimet si një aktivitet pas çdo kontrolli të cilësisë që ju do të kryeni.

Duhet t'i llogarisni vlerësimet e kohës që do ju nevojitet për ripunime duke u bazuar në përvojën tuaj të mëparshme. Nëse mblidhni dhe analizoni të dhëna nga projektet e mëparshme, atëhere do të jeni në gjendje të llogarisni përpjekjen mesatare të pritshme që do ju nevojitet për të kryer ripunimet që të korrigjoni defektet e gjetura në llojet e ndryshme të produkteve të punës me projektin.

Në qoftë se, pas kryerjes së një testimi, rezulton se nuk keni nevojë të kryeni ndonjë ripunim, atëhere aq më mirë për ju. Kjo do të thotë që jeni përpara afatit në plotësimin e asaj detyre ose pjese të projektit. Por mos prisni që kjo të ndodhë shpesh.

 ## 9   MENAXHONI RREZIQET E PROJEKTIT

Nëse ju nuk i identifikoni dhe nuk i kontrolloni rreziqet e projektit, atëhere do të jenë rreziqet ato që do ju kontrollojnë ju. Një rrezik është një problem potencial që mund të ndikojë në suksesin e projektit tuaj. Ai rrezik është një problem që nuk ka ndodhur ende dhe ju duhet të përpiqeni që të mos ndodhë.

Nuk është e mjaftueshme që thjesht të identifikoni faktorët e mundshëm të rrezikut. Ju duhet gjithashtu të vlerësoni kërcënimin relativ që secili prej këtyre rreziqeve paraqet, në mënyrë që të mund të përqëndroni energjinë tuaj aty ku duhet më shumë.

Nëse nuk identifikoni dhe kontrolloni rreziqet e projektit, atëhere do të jenë rreziqet që do ju kontrollojnë ju.

Ekspozimi ndaj rrezikut është një kombinim i mundësisë që një rrezik specifik do të mund të materializohet dhe të transformohet më tej në një problem, si dhe pasojat negative që kjo do të sjellë në projekt nëse ndodh. Në mënyrë që të menaxhoni çdo rrezik, do ju duhet të aplikoni veprime zbutëse për të reduktuar si probabilitetin e shfaqjes së rreziqeve ashtu edhe ndikimin e tyre nëse ato shfaqen. Gjithashtu mund të krijoni një plan veprimi i cili do të aktivizohet në qoftë se aktivitetet e kontrollit të rrezikut nuk do të janë aq efektive sa i keni parashikuar dhe shpresuar në fillim të projektit.

Një listë e thjeshtë e rreziqeve të mundshme nuk mund të zëvendësojë një plan konkret i cili përshkruan se si ju do të mund të gjurmoni, identifikoni dhe kontrolloni rreziqet.

Do ju duhet gjithashtu t'i përfshini rutinat e gjurmimit të rreziqeve brenda vetë rutinave të gjurmimit të statusit të përgjithshëm të projektit.

10 PLANIFIKONI KOHË PËR PËRMIRËSIMIN E PROÇESEVE TË PUNËS

Anëtarët e ekipit tuaj janë përmbytur tashmë në detyrat e tyre të implementimit të projektit. Nëse doni që ekipi të rritet në një plan më të lartë aftësish menaxhuese të projektit, atëhere do ju duhet të investoni në përmirësimin e proçeseve të punës. Kjo do të thotë që do ju duhet të planifikoni pak kohë brenda afateve të projektit për aktivitetet e këtyre përmirësimeve. Mos planifikoni 100% të kohës në dispozicion të ekipit për detyra që lidhen vetëm me projektin dhe pastaj të pyesni veten pse ata nuk bëjnë asnjë përparim në drejtim të përmirësimit të proçeseve siç e kishit planifikuar.

Disa ndryshime proçesesh mund të fillojnë t'ju shpërblejnë

menjëherë, por ju nuk do të mund t'i korrni të gjitha përfitimet nga përmirësimet e tjera deri në projektin e ardhshëm. Përmirësimi i proçeseve është një investim strategjik për organizatën tuaj. *Përmirësimi i proçeseve është njësoj si të ndërtosh një rrugë: i ngadalëson të gjithë nga pak për një periudhë të shkurtër kohe, por kur puna mbaron rruga është e shtruar mirë dhe trafiku lëviz lirshëm dhe shpejt.*

Respektoni Kurbën e Të Mësuarit

Koha dhe paratë që ju shpenzoni me trajnime, me vetë-studime, me konsulentë si dhe duke zhvilluar proçese të përmirësuara, është pjesë e investimit që organizata juaj bën në mbështetje të suksesit të projektit. Duhet të jeni të ndërgjegjshëm së do paguani një çmim në aspektin e humbjes së produktivitetit për një periudhë afatshkurtër - kurba e të mësuarit - kur do të përpiqeni të aplikoni proçese, mjete dhe teknologji të reja për herë të parë.

Mos prisni të merrni përfitime të shkëlqyera që në përpjekjen e parë, pavarësisht çfarë ju thotë shitësi i mjeteve të reja informatike apo çfarë pretendon konsulenti i projektit. Sigurohuni që menaxherët dhe klientët tuaj të kuptojnë kurbën e të mësuarit si një pasojë të pashmangshme për të punuar në fushën e teknologjisë së lartë e cila është në ndryshim të vazhdueshëm dhe të shpejtë.

III. VLERËSONI PUNËN E KRYER

12 | BËJENI VLERËSIMIN BAZUAR NË PËRPJEKJET DHE JO NË KOHËN KALENDARIKE

Njerëzit në përgjithësi janë të prirur të japin vlerësime në njësi kohe kalendarike. Është e preferueshme që përpjekjet lidhur me një detyrë të vlerësohen në orë pune dhe pastaj kjo përpjekje të përkthehet në një vlerësim kohe kalendarike. Një detyrë 20 orëshe mund të marrë 2.5 ditë kalendarike përpjekje nominale me kohë të plotë ose dy ditë rraskapitëse. Megjithatë ajo mund të marrë gjithashtu një javë kohë në qoftë se p.sh. do ju duhet të prisni për të marrë informacione kritike nga një klient ose të qëndroni në shtëpi për dy ditë sepse keni fëmijën sëmurë.

Përkthejeni gjithmonë përpjekjen dhe/ose arritjen në kohë kalendarike kur kryeni llogaritjet dhe vlerësimet tuaja sesa orë efektive mund të shpenzojë një punonjës për të kryer detyrat e projektit në një ditë, duke llogaritur gjithashtu çdo ndërprerje ose kërkesë për riparime urgjente në një softuer, mbledhjet e takimet, si dhe të gjitha aktivitetet e tjera që konsumojnë kohë. Nëse vërtet ndiqni dhe analizoni se si e shpenzoni kohën tuaj në punë, atëhere do të dini sesa orë javore punë efektive për projektin keni mesatarisht në dispozicion.

Gjurmimi i kohës në këtë mënyrë është vërtet ndriçues për një menaxher projekti. Zakonisht koha efektive dedikuar projektit është vetëm 50% deri 60% të kohës nominale që anëtarët e ekipit shpenzojnë në punë. Kjo është shumë më pak sesa koha fillimisht e përllogaritur dhe e supozuar si 100% kohë efektive mbi të cilën ju keni planifikuar shumë afate të plotësimit të projektit.

Kalimi nga një detyrë në tjetrën, i cili lidhet më shumëllojshmërinë e aktiviteteve që na kërkohet të kryejmë, e zvogëlon efektivitetin tonë në mënyrë të konsiderueshme. Kryerja në mënyrë të tepruar e disa detyrave njëherësh sjell joefikasitet si në komunikim ashtu dhe në proçesin e të menduarit. Kjo redukton produktivitetin individual.

Një menaxher njëherë pretendonte se dikush në ekipin e tij kishte shpenzuar një mesatare prej tetë orë në javë për të kryer një aktivitet të caktuar dhe për këtë arsye ai/ajo mund të kryente edhe pesë prej këtyre aktiviteteve brenda të njëjtit hark kohor. Sipas logjikës së këtij menaxheri, dyzet orë në javë të pjesëtuara për tetë është pesë, apo jo? Në të vërtetë ai punonjës do të ishte me fat nëse do mund të kryente vetëm tre ose katër detyra të tilla në javë.

Në fakt ka shumë diskutime dhe mosmarrëveshje ndërmjet menaxherëve të projekteve në lidhje me kryerjen e disa detyrave në të njëjtën kohë (ose *multitasking*) nga ana e punonjësve.

Disa punonjës janë në gjendje të kryejnë shumë detyra në të njëjtën kohë në mënyrë më efikase sesa disa të tjerë, madje edhe duke shkëlqyer në kryerjen e tyre. Dhe kjo është normale sepse secili nga ne ka potenciale të ndryshme dhe mënyrë të ndryshme pune. Por nëse anëtarë të caktuar të ekipit tuaj lodhen dhe shpërqëndrohen kur punojnë në shumë detyra njëkohësisht, atëhere duhet të përcaktoni prioritete të qarta dhe t'i ndihmoni ata që të arrijnë rezultate të mira duke u përqëndruar në vetëm një ose dy objektiva brenda një periudhe kohe të caktuar.

13   PLANIFIKONI KOHË TRAJNIMI NË GRAFIKUN E AFATEVE TË PROJEKTIT

Kryeni një vlerësim sesa kohë shpenzojnë anëtarët e ekipit tuaj në aktivitete trajnimi brenda një viti dhe pastaj zbriteni këtë sasi kohë nga koha që ata kanë në dispozicion për të punuar me detyrat e projektit. Gjatë fazës së planifimit të projektit ju ndoshta i përllogarisni gjithësesi vlerat mesatare të kohës në dispozicion të punonjësve për aspekte të tilla si kohë pushimi, kohë për sëmundje dhe funksione të tjera; trajtojeni kohën dedikuar trajnimit në të njëjtën mënyrë.

Duhet të jeni i ndërgjegjshëm p.sh. se fusha e teknologjisë së lartë të zhvillimit të softuerit kërkon që të gjithë ata që punojnë në të t'i përkushtojnë kohë arsimimit të tyre të vazhdueshëm dhe këtu e kemi fjalën si për kohën e tyre individuale ashtu dhe për kohën e kompanisë. Organizoni trajnime që janë të nevojshme për të gjithë skuadrën (trajnime të tipit *Just-in-time*) kur keni mundësi që t'i planifikoni këto në kohë.

Pjesëmarrja në një seminar trajnues mund të jetë gjithashtu një përvojë e cila forcon proçesin e ndërtimit të ekipit dhe të shpirtit të ekipit, sepse anëtarët e ekipit të projektit si dhe aktorët e tjerë të interesuar në projekt marrin pjesë dhe dëgjojnë të njëjtat shpjegime dhe udhëzime sesi ata duhet të aplikojnë praktikat e përmirësuara përkundrejt sfidave të tyre të përbashkëta.

 ## DOKUMENTONI VLERËSIMET DHE MËNYRËN SI U KRYEN KËTO VLERËSIME

Kur përgatisni vlerësimet për punën tuaj, shkruajini këto vlerësime dhe dokumentoni mënyrën dhe arsyetimin se si keni arritur deri te secila prej tyre. Duke kuptuar proçesin e të menduarit dhe qasjet e përdorura për të krijuar një vlerësim, ju do ta keni më të lehtë ti argumentoni dhe ti përshtasni këto vlerësime kur të jetë e nevojshme. Kjo gjithashtu do ju ndihmojë të përmirësoni edhe vetë proçesin tuaj të vlerësimit.

Gjithashtu trajnojeni ekipin që t'i njohë dhe t'i aplikojë metodat e vlerësimit, në vend që të hamendësojnë se çdo zhvillues sofueri dhe udhëheqës projekti ka aftësi të natyrshme për të parashikuar të ardhmen. Zhvilloni procedura vlerësimi si dhe lista kontrolli të cilat pjesëtarët e ekipit dhe gjithë punonjësit e organizatës tuaj mund t'i përdorin me sukses.

Metoda *Wideband Delphi* p.sh. është një teknikë efektive vlerësimi në grup. Kjo metodë vlerësimi përdor një teknikë të bazuar në arritjen e një konsensusi mbi vlerësimin e përpjekjeve për kryerjen e detyrave. Kjo teknikë kërkon që një ekip i vogël ekspertësh të bëjë vlerësime individuale anonime duke u nisur nga një përshkrim i problemit për të arritur pastaj konsensus për një grup përfundimtar vlerësimesh përmes përsëritjes.

Pjesëmarrja e disa vlerësuesve të pavarur dhe përdorimi i vlerësimeve anonime për të parandaluar që një pjesëmarrës të paragjykojë ose të ndikojë në një pjesëmarrës tjetër, e bën metodën Wideband Delphi më të besueshme sesa thjesht t'i kërkosh një individi të vetëm të bëjë një vlerësim hamendësues qoftë edhe të mirë.

15 PËRDORNI MJETE VLERËSIMI

Sot menaxherët e projekteve kanë në dispozicion shumë mjete softuerike komerciale të cilat i ndihmojnë ata për të kryer vlerësimin e plotë të projekteve. Bazuar në ekuacionet që rrjedhin nga bazat e mëdha të të dhënave të mbushura me informacione nga përvojat aktuale të projekteve, këto mjete mund t'ju japin një spektër të gjerë të mundësive të planifikimit dhe të shpërndarjes së burimeve dhe personelit. Ato gjithashtu do t'ju ndihmojnë për të shmangur *"rajonin e pamundur"*, i cili është kombinimi i madhësisë së produktit, përpjekjes dhe afatit brenda të cilave asnjë projekt i njohur nuk ka qenë i suksesshëm.

Këto mjete përfshijnë një numër *"lëvizësish e nxitësish të shpenzimeve"* që ju mund t'i përshtatni për ta bërë mjetin që të modelojë sa më saktë projektin tuaj, duke u bazuar në teknologjinë e përdorur, në përvojën e ekipit si dhe në faktorë të tjerë përcaktues. Ju mund të krahasoni vlerësimet e nxjerra nga mjetet që përdorin vlerësimin nga poshtë-lart të gjeneruar nga struktura e ndarjes së punës. Ju mund të paqtoni kështu çdo shkëputje të madhe në fazat e realizimit të projektit në mënyrë që të gjeneroni vlerësimin e përgjithshëm më realist të mundshëm.

16   PLANIFIKONI AMORTIZATORË REZERVË

Projektet kurrë nuk zhvillohen pikë për pikë ashtu siç janë planifikuar. Një menaxher projekti i matur dhe largpamës përfshin, në fund të çdo faze, amortizatorë rezervë për buxhetin dhe afatet në mënyrë që t'i bëjë ballë situatave të paparashikuara. Përdorni analizën e rrezikut të projektit që keni përpiluar në fazat e mëparshme për të vlerësuar ndikimin e mundshëm tek afatet në qoftë se disa prej këtyre rreziqeve do të materializohen. Pas kësaj ndërtoni ekspozimin e projektuar të rrezikut në afatet tuaja të projektit si një amortizator rezervë.

Një qasje edhe më e sofistikuar është *analiza kritike zinxhir*, një teknikë që nxjerr në pah pasiguritë në vlerësimet dhe rreziqet në një amortizator racional të përgjithshëm.

Menaxheri ose klienti juaj mund t'i shohë këta amortizatorë rezervë si material mbushës dhe jo si njohje të arsyeshme të realitetit në të cilin ndodhen. Për të ndihmuar skeptikët që të binden, referojuni surprizave të pakëndshme në projekte të mëparshme si një arsyetim mbështetës për largpamësinë tuaj.

Nëse një menaxher zgjedh të eliminojë amortizatorët rezervë, ai ka përthithur në mënyrë të heshtur të gjitha rreziqet dhe presupozon që të gjitha vlerësimet janë të përsosura, që nuk do të ketë rritje të fushëveprimit të projektit dhe nuk do të ndodhin ngjarje të papritura!

Ju tingëllon realiste kjo? Sigurisht që jo. Më të mirë të përballemi me realitetin, sado i shëmtuar që të jetë ai, se sa të jetojmë në Botën e Përrallave.

IV. GJURMONI PROGRESIN E KRYER

 17 REGJISTRONI REZULTATET AKTUALE TË PUNËS DHE KRAHASOJINI ATO ME PARASHIKIMET

Parashikimet dhe vlerësimet tuaja do të mbeten thjesht dhe përgjithmonë supozime dhe hamendësime deri atëhere kur ju të regjistroni përpjekjet aktuale ose kohën e shpenzuar për të realizuar secilën detyrë të projektit dhe t'i krahasoni ato me parashikimet tuaja fillestare. Nëse shkruani çfarë ndodhi aktualisht sot, këto shënime dhe regjistrime do të kthehen pastaj në të dhëna historike për të ardhmen.

Çdo pjesëtar i ekipit mund të fillojë të regjistrojë vlerësimet dhe rezultatet aktuale të punës dhe menaxheri i projektit duhet të ndjekë këto të dhëna të rëndësishme në bazë të një detyre projekti ose guri kilometrik të realizuar. Përveç përpjekjeve dhe afateve, ju mund të vlerësoni dhe të gjurmoni madhësinë e produktit, realizimin e kërkesave, rreshtat e kodit, pikat e funksioneve, pamjet GUI ose njësi të tjera që i japin kuptim projektit tuaj.

18 QUAJINI DETYRAT TË PLOTËSUARA VETËM ATËHERE KUR ATO JANË 100% TË PLOTËSUARA

Ne shpesh i japim vetes shumë kredi për detyrat që i kemi filluar por ende nuk i kemi përfunduar plotësisht, duke arsyetuar p.sh.: *"Kam menduar sot në mëngjes për algoritmin që na duhet për modulin e ri dhe algoritmi është pjesa më e vështirë e tij, kështu që besoj se e kam plotësuar rreth 60 për qind këtë detyrë."* Është e vështirë të vlerësohet me saktësi se cila pjesë e një detyre të konsiderueshme është në fakt e përfunduar në një moment të dhënë në kohë.

Një përfitim i shpërbërjes së detyrave të mëdha në detyra më të vogla për planifikimin e tyre është se ju mund të shpërbëni një aktivitet të madh në një numër aktivitetesh të vogla dhe pastaj ta klasifikoni çdo aktivitet të vogël ose si të përfunduar ose si të papërfunduar - por asgjë të mesme ndërmjet këtyre të dyjave.

Ndjekja e statusit të projektit bazohet pastaj në pjesët e detyrave të cilat kanë përfunduar si dhe në madhësinë e tyre dhe jo në përqindjen e plotësuar të çdo detyre. Nëse dikush ju pyet a ka përfunduar një detyrë e caktuar dhe përgjigja juaj është: *"Kjo ka përfunduar e gjitha me përjashtim të...",* atëherë ajo nuk ka përfunduar! Mos lejoni që njerëzit *"të përmbledhin"* statusin e përfundimit të një detyre. Në vend të kësaj përdorni kritere të qarta për të përcaktuar nëse një aktivitet apo detyrë ka përfunduar me të vërtetë ose jo.

Ndjekja e statusit të projektit bazohet pastaj në pjesët e detyrave që janë të përfunduara si dhe në madhësinë e tyre dhe jo në përqindjen e plotësuar të çdo detyre.

19   GJURMONI STATUSIN E PROJEKTIT NË MËNYRË TË HAPUR DHE ME NDERSHMËRI

Një gjëegjëzë nga bota e informatikës thotë: *"Si vonohet gjashtë muaj një projekt softueri?"* Dhe përgjigja e trishtueshme është: *"Ditë pas dite".* Problemet e vështira lindin kur menaxheri i projektit nuk e di sesa prapa (ose ndonjëherë sesa përpara) afatit të planifikuar ndodhet projekti.

Nëse jeni ju ky menaxher projekti, atëhere do t'ju duhet të krijoni një klimë në të cilën anëtarët e ekipit tuaj duhet të ndihen të sigurt për të raportuar saktësisht statusin në të cilin ndodhet projekti.

Zhvillojeni projektin bazuar në fakte që rrjedhin nga të dhëna të sakta dhe jo të bazuar mbi një optimizëm të rremë i cili mund të lindë nga frika e raportimit të lajmeve të këqija.

Përdoreni informacionin e gjendjes së projektit dhe të dhënat e metrikave për të ndërmarrë veprime korrigjuese kur është e nevojshme, ose edhe për të festuar progresin kur mundeni ta bëni këtë. Ju mund të menaxhoni një projekt në mënyrë efektive vetëm atëhere kur do ta dini me të vërtetë se çfarë është bërë dhe çfarë nuk është bërë, çfarë detyrash kanë mbetur prapa vlerësimeve fillestare dhe çfarë problemesh, çështjesh dhe rreziqesh mbeten për t'u trajtuar dhe për t'u zgjidhur.

 Një gjëegjëzë nga bota e informatikës thotë: "Si vonohet gjashtë muaj një projekt informatik?" Dhe përgjigja e trishtueshme është: "Ditë pas dite!"

Pesë fushat kryesore të matjes së projekteve të ndërtimit të programeve informatike janë *Madhësia, Përpjekja, Koha, Cilësia* dhe *Statusi*. Është gjithmonë një ide e mirë që të përcaktoni disa metrika në secilën prej këtyre kategorive. Rrënjosja në një organizatë e një kulture të kryerjes së matjeve nuk është e parëndësishme. Disa punonjës nuk kanë dëshirë të mbledhin të dhëna për punën që bëjnë, shpesh për shkak se ata janë të frikësuar sesi menaxherët mund t'i përdorin rezultatet e këtyre matjeve.

Rregulli kryesor i metrikave të projekteve të programeve informatike është se drejtuesit *asnjëherë* nuk duhet të përdorin të dhënat e mbledhura as për të shpërblyer dhe as për të ndëshkuar punonjësit që kanë kryer punën. Herën e parë që ju do ta bëni këtë, do të jetë gjithashtu edhe hera e fundit që ju mund të mbështeteni në marrjen e të dhënave të sakta nga anëtarët e ekipit tuaj.

V.   MËSONI PËR TË ARDHMEN

 20   KRYENI ANALIZA RETROSPEKTIVE TË PROJEKTIT

Retrospektivat (të quajtura gjithashtu edhe rishqyrtime post-mortem ose pas-projektit) ofrojnë një mundësi për ekipin që të reflektojë për mënyrën sesi u zhvillua projekti, fazat ose përsëritjet e tij, si dhe për të kapur mësimet e nxjerra që do ti ndihmojnë ata për të rritur efektshmërinë dhe rendimentin në të ardhshmen.

Gjatë një shqyrtimi të tillë duhet të identifikoni ato aspekte të implementimit të projektit që shkuan mirë, në mënyrë që të mund të krijoni një mjedis i cili ju mundëson të përdorni përsëri të njëjtët kontribues në sukses.

Gjithashtu shikoni për ato aspekte që nuk shkuan aq mirë, në mënyrë që të ndryshoni qasjet tuaja dhe të parandaloni këto probleme në të ardhmen. Përveç kësaj shqyrtoni gjithashtu se cilat ishin ato ngjarje të papritura të cilat ju krijuan surpriza të pakëndshme. Këto mund të jenë faktorët e rrezikut që duhen kërkuar në projektin e ardhshëm. Së fundi pyesni veten se çfarë nuk kuptoni ende nga projekti të cilin sapo e përfunduat. Në këtë mënyrë ju mund të mësoni se si të kryeni detyrat edhe më mirë në të ardhmen.

Është e rëndësishme që analizat retrospektive t'i kryeni në një atmosferë konstruktive dhe të ndershme. Mos i ktheni ato në një mundësi për të gjetur fajtorë për problemet që ndeshët gjatë projektit. Është gjithmonë një ide e mirë që t'i kapni mësimet e nxjerra nga çdo eksplorim retrospektiv në dokumente përkatëse dhe pastaj t'i ndani këto dokumente me të gjithë ekipin dhe organizatën tuaj. Kjo është një mënyrë për të ndihmuar të gjithë anëtarët e ekipit si në të tashmen ashtu dhe për të ardhmen që të përfitojnë nga përvoja juaj.

Këto 20 praktika më të mira në menaxhimin të projekteve nuk do ju garantojnë arritjen e një rezultati magjik në menaxhimin e projektit tuaj. Megjithatë ato do ju ndihmojnë të merrni në dorë frenat e projektit dhe do ju japin sigurinë që aktualisht po bëni gjithçka të mundur për ta bërë projektin tuaj një sukses.

DORËZIMI I SUKSESSHËM I PRODUKTIT

PRAKTIKAT MË TË MIRA PËR CILËSI TË VAZHDUESHME

Ndërkohë që projektet rriten në kompleksitet, po kështu rritet edhe sfida për t'u siguruar që gjithkush e kupton qëllimin e projektit dhe që të gjithë janë në sinkron me kërkesat gjithnjë në zhvillim. Si mund të menaxhojmë një projekt në mënyrë më efektive kur ndryshon fushëveprimi, objektivi dhe qëllimi i tij?

Në këtë kapitull do të diskutojmë se si kombinimi i bashkëpunimit, gjurmueshmërisë, mbulimit të testimeve dhe menaxhimit të ndryshimeve i ndihmon ekipet për të prodhuar dhe dorëzuar projekte të suksesshme, me besimin që ato kanë lëvruar një produkt cilësor.

TRE ELEMENTËT E NJË PROJEKTI TË SUKSESSHËM

Elementi i parë i një projekti të suksesshëm janë të **DHËNAT**. Gjatë trajtimit të këtij elementi ju kapni shumë kërkesa, skenare testimesh si dhe detyra e aktivitete. Ju i menaxhoni të dhënat duke i ruajtur informacionet për projektet në dokumenta Word, Excel ose në një program tjetër të specializuar informatik.

Elementi i dytë i një projekti të suksesshëm është **PROÇESI**. Është me të vërtetë e rëndësishme që të ngrihet një strukturë rreth të dhënave e cila të ndihmojë në drejtimin e punës së ekipit. Nëse jeni duke ndjekur një qasje më pak klasike të menaxhimit të projektit, të tillë si metodologjia Agile, ose nëse jeni diku në mes duke përdorur një metodologji hibrid, sa më shumë që të dini rreth një projekti aq më shumë njohuri keni fituar gjatë gjithë proçesit. Është shumë e rëndësishme dhe ndoshta kritike që të keni një proçes fleksibël i cili të zhvillohet së bashku me ekipin tuaj.

Së fundi, *elementi i tretë* i një projekti të suksesshëm janë **NJERËZIT**. Në fund të fundit nuk janë të dhënat dhe proçeset ato që i ndërtojnë projektet dhe i përfundojnë ato me sukses. *Projektet i bëjnë njerëzit.* Mendoni për një moment sesi na pëlqen ne të punojmë - në fillim angazhohemi në biseda, pastaj hedhim idetë rreth e rrotull dhe në fund marrim vendime pasi nxjerrim konkluzionet dhe gjejmë një rrugë sesi të zbusim rrezikun.

Sekreti i suksesit është t'i mbani të gjithë të lidhur me njëri-tjetrin në mënyrë që të keni mundësi të grumbulloni dhe të merrni idetë, komentet dhe reagimet e tyre në kohë reale, të merrni vendime së bashku dhe të ruani pjesëmarrjen dhe angazhimin aktiv të gjithkujt gjatë gjithë proçesit në mënyrë që të ofroni një punë me cilësi nga fillimi deri në fund.

Vlera e Menaxhimit Të Kërkesave

Menaxhimi i kërkesave mund të tingëllojë si një disiplinë komplekse por në të vërtetë është një koncept i thjeshtë. Vlera e menaxhimit të kërkesave është se ajo ndihmon ekipet e zhvillimit të projektit për t'ju përgjigjur pyetjes: *"A e kuptojnë të gjithë se çfarë jemi duke ndërtuar dhe pse po e ndërtojmë?"*.

Gjatë punës tonë me klientë të ndryshëm kemi vënë re se suksesi vjen kur të gjithë janë të përfshirë në një projekt të përbashkët dhe kur të gjithë kanë një kontekst dhe qasje të plotë e të qartë në të gjitha diskutimet, vendimet dhe ndryshimet që ndodhin gjatë gjithë ciklit të jetës së projektit. Duke e ruajtur këtë si një proçes të rregullt e të vazhdueshëm pune, ju do të jeni në gjendje që të ruani edhe cilësinë e punës në vazhdimësi.

Katër Praktikat Më Të Mira Për Proçese Cilësore

Si mund të përdorni mjetet dhe proçesin e duhur për të siguruar suksesin e projektit?

Praktikat më të mira në vijim lidhen direkt me suksesin e projektit tuaj. Ju mund ta arrini këtë kur keni një kombinim të suksesshëm dhe fleksibël proçesesh, njerëzit e duhur si dhe mjetet e specializuara për t'i mbështetur ata.

 **1** ## Bashkëpunimi

Bashkëpunimi lidh çdo gjë në një të tërë dhe i mban të gjithë të sinkronizuar gjatë gjithë proçesit, nga fillimi deri në fund. Është e rëndësishme që të gjithë ata që punojnë në një projekt të jenë të lidhur më njëri-tjetrin. Ju duhet të shkoni përtej email-it dhe mjeteve të tjera elektronike të bashkëpunimit për të bërë të mundur që komunikimi të jetë një proçes që ndodh në mënyrë të natyrshme dhe intuitive, specifike për menaxhimin e objekteve dhe qëllimeve të projektit.

Shumë ekspertë nuk janë dakort me faktin se komunikimi shpesh ndërpritet për arsye nga më të ndryshmet. Kanalet e komunikimit mund të vuajnë nga "efekti silos", kur ka mungesë të komunikimit dhe qëllimeve të përbashkëta në mes të departamenteve në një organizatë.

Përdorimi i një mjeti bashkëpunimi online ose bashkëpunimi në një mënyrë të tillë që punonjësit në të gjithë organizatën të mund të kenë lehtësisht qasje tek i njëjti informacion, është thelbësore për ta bërë menaxhimin e kërkesave një përvojë bashkëpunuese.

 ## 2 GJURMUESHMËRIA

Ndërkohë që bashkëpunimi është mbi të gjitha lidhje mes njerëzish, praktika e dytë më e mirë, *gjurmueshmëria*, lidh të gjitha të dhënat dhe objektet së bashku. Këto janë *Kërkesat, Skenarët e Testimeve, Skenarët e Përdorimit, Defektet* etj. Ky është i gjithë informacioni i hollësishëm brenda projektit i cili me të vërtetë përbën qëllimin dhe objektin e asaj që jeni duke ndërtuar. Duke krijuar marrëdhënie gjurmueshmëria midis objekteve, ju mund të gjurmoni ndikimin që një ndryshim i vetëm i një objekti të vetëm ka mbi pjesën tjetër të projektit. Kjo është jetike për ruajtjen e cilësisë së vazhdueshme në zhvillimin e projektit.

Gjurmimi është çelësi për të kuptuar kërkesat tuaja, për të kuptuar si janë ndarë dhe organizuar këto kërkesa si dhe marrëdhëniet ndërmjet objekteve me të cilat jeni duke punuar. Meqënëse menaxhimi i kërkesave mund të jetë një sfidë e komunikimit, gjurmueshmëria ju lejon të merrni një detyrë e cila ndodhet në një nivel të lartë të objektivave të projektit dhe ta shpërbëni atë deri sa ju të merrni diçka të prekshme që gjithsecili duhet ta kryejë, duke u siguruar në të njëjtën kohë që jeni duke menaxhuar si objektin ashtu dhe fushëveprimin e asaj që jeni duke u komunikuar të gjithë pjesëmarrësve në projekt.

3 KRYERJA E TESTIMEVE

Kryerja e testimeve është thelbësore për të sigururuar cilësinë e rezultateve të projektit. Kjo është mënyra e duhur për t'u siguruar që nuk keni ndonjë të çarë në planet tuaja të testimit. Kjo është gjithashtu një mbulesë sigurimi për t'u mbrojtur kundrejt rrezikut në ato raste kur tipare të reja i shtohen projektit i cili është në implemtim e sipër dhe këto tipare të reja nuk ka qënë e mundur të testohen paraprakisht siç duhet për të parë se çfarë rezultatesh mund të prodhojnë.

Karakteristikat që një mjet ose sistem i menaxhimit të kërkesave duhet patjetër të ketë janë *shikueshmëria* dhe të *kuptuarit. Çfarë jemi duke testuar dhe pse?* Qëllimi i vërtetë këtu është që të sigurohemi se të gjithë pjesëmarrësit në projekt po lundrojnë në të njëjtin drejtim. Kur fillojmë të ekzekutojmë një skenar testimi të rasteve, është e rëndësishme që të gjithë të kuptojnë dhe të kenë shikueshmëri dhe qartësi në atë që janë duke testuar.

Kur keni vetëm një nivel të kufizuar shikueshmërie në atë që supozohet se jeni duke testuar, shpesh herë gjërat mbeten të hapura kundrejt interpretimeve nga më të ndryshmet dhe njerëzit sigurisht që bëjnë gabime.

Një *Plan Testimi* është një formulim dhe ekspozim i asaj që duhet testuar dhe nga kush duhet testuar. Ju do ta mbështesni këtë plan me një grup rastesh testimi të cilat do të shpjegojnë se çfarë aspekti të një produkti keni ndërmend të testoni. Ju do ja arrini kësaj duke marrë një grup të caktuar të rasteve të testimit dhe duke i ekzekutuar ato për të provuar që një grup i caktuar i karakteristikave dhe parametrave të produktit ose projektit funksionon ashtu siç duhet.

Në këtë mënyrë ju do të keni shikueshmërinë në rastin origjinal të testimit e cila lidhet gjithashtu edhe me rastet e përdorimit të kërkesave funksionale si dhe me kërkesat e tregut. I gjithë informacioni bëhet tepër i vlefshëm për inxhinierin informatik i cili merr detyrën p.sh. për të ndrequr një defekt të softuerit.

 ## 4 MENAXHIMI I NDRYSHIMEVE

Menaxhimi i ndryshimeve është gjurmimi i të gjithë historikut të versioneve të kërkesave dhe komponenteve të tjera të projektit ndërkohë që ato evoluojnë me kalimin e kohës gjatë ciklit të planifikimit dhe të zhvillimit të projektit. Një nga parimet e metodologjisë Agile të zhvillimit të sistemeve e programeve informatike na mëson që të përqafojmë ndryshimet në kërkesa. Pse? Sepse në këtë rast do të dimë shumë më tepër për atë që po përpiqemi të ndërtojmë ndërkohë që futemi gjithnjë e më thellë në ciklin e zhvillimit dhe zbulojmë informacione të reja mbi projektin.

Është e rëndësishme që të kuptojmë kur gjërat janë duke ndryshuar, të kuptojmë se pse ato janë duke ndryshuar dhe të mbajmë ekipin të informuar mbi këto ndryshime në mënyrë që ata të kenë gjithmonë në dispozicion informacionet më të fundit.

Një aspekt kyç që shpesh neglizhohet në proçesin e menaxhimit të kërkesava është aftësia për të menaxhuar ndryshimet. Anëtarët e ekipit shpesh kryejnë një ndryshim në të njëjtin dokument në të cilin janë duke punuar në Word. Ata pastaj bëjnë një krahasim me versionet e mëparshme të të njëjtit dokument dhe ja dërgojnë atë njësive të ndryshme të biznesit për të kuptuar nëse ndryshimi do të shkaktojë probleme. Shumë nga ky proçes vendimmarrje qëndron brenda vetë njerëzve.

Nëse ju mund të kapni kërkesat për ndryshim në një mënyrë paralele, atëhere do të mund të lehtësoni krijimin e një proçesi efektiv të menaxhimit të ndryshimeve, do të jeni të sigurt që çdo veprim është brenda qëllimit të projektit dhe do të siguroheni që të gjithë e dinë se çfarë është duke u krijuar dhe duke u zhvilluar. Përpara se të mund të miratoni apo të shtyni afatin e një kërkesë për ndryshim, duhet të kuptoni ndikimin që ajo do të ketë në pjesën tjetër të aplikimit ose objektit të projektit.

Ndërkohë që jeni duke studiuar një kërkesë të veçantë të tregut, ju mund të shihni të gjitha objektet të cilat janë duke u zhvilluar dhe implementuar dhe të përcaktoni nëse ndikimi i ndryshimit tuaj do të jetë i madh apo i vogël. Ju mund të vendosni nëse do ta pranoni një kërkesë për ndryshim pa ushtruar ndikim në atë objekt individual deri në momentin që ju vendosni ta ushtroni atë impakt.

GJENI ZGJIDHJEN E DREJTË PËR DORËZIMIN E PRODUKTIT

KËRKESAT PËR NJË DORËZIM EFIKAS TË PRODUKTIT

Me shumëllojshmërinë e zgjidhjeve në dispozicion në ditët e sotme, mund të jetë shumë e vështirë për të zgjedhur platformën e duhur që do ju ndihmojë në konceptimin, krijimin, ndërtimin dhe dorëzimin e produktit në treg ose tek klienti. Sa më të mëdha të jenë përpjekjet tuaja për zhvillimin e projektit dhe sa më shumë njerëz të keni investuar në rezultatin e produktit, aq më e rëndësishme është që të keni një zgjidhje e cila lidh dhe njehson produktet e kompanisë suaj me biznesin e saj.

Përfitimet nga përdorimi i një platforme për këtë qëllim janë shumë dhe të qarta:

1. E bën bashkëpunimin më të lehtë dhe përmirëson kanalet e komunikimit;
2. Ul kostot dhe kohën e dorëzimit në treg të produktit;
3. Përmirëson cilësinë dhe rrit kënaqësinë e klientit;
4. Kontrolli i ndryshimeve zbatohet dhe monitorohet më lehtë;
5. Analiza e impaktit është më e efektshme sepse të dhënat janë të disponueshmë në një vend të vetëm.

Bazuar në përvojën personale si dhe në kriteret të cilat shpesh merren nga klientët, dua t'ju ofroj më poshtë një grup kërkesash bazë të cilat mund t'i përdorni me sukses në zhvillimin dhe implementimin e projekteve tuaja.

KAPACITETET KRYESORE

Më poshtë janë kapacitetet kryesore dhe përfitimet të cilat duhet të merrni në konsideratë gjatë fazës fillestare për të patur një fillim të mirë të projektit.

PËRFITIMI / VLERA	AFTËSIA / KAPACITETI
Rrisni Efikasitetin	**Bashkëpunimi:**
Shpejtoni përkufizimin e objektit dhe qëllimit, duke shpenzuar më pak kohë në mbledhje e takime dhe merrini kërkesat në mënyrë të saktë që herën e parë.	Mbani të gjitha anëtarët e ekipit dhe palët e interesuara të sinkronizuar me informacionin më të fundit në çdo kohë gjatë një projekti. Tërhiqni aktorët kyç për të ndihmuar në marrjen e vendimeve.

Qendra Shqyrtimit:
Rishikimi i efektshëm dhe proçesi i miratimit për të kapur mendimet dhe sugjerimet e klientëve dhe palëve të interesuara duke përfshirë edhe votimin për prioritetet dhe nënshkrimet elektronike për miratim formal.

Kapja e Informacionit:
Dokumentoni bisedat dhe shënimet gjatë takimeve dhe mbledhjeve. Informoni pjesëmarrësit e rinj sa më shpejt me informacionet më të fundit në mënyrë që edhe ata të jenë në gjendje të kontribuojnë.

Ripërdorimi i Burimeve dhe Praktikave:
Krijoni një grup burimesh dhe praktikash strategjike dhe përdorini ato për të mbështetur produkte, tregje, kanale, klientë dhe projekte të tjera.

Rrisni Cilësinë

Mundësoni që ekipe të përziera të bashkëpunojnë me lehtësi në projekte të ndryshme, duke siguruar që njerëzit e duhur të kenë qasje në informacionin e duhur.

Menaxhimi Testimeve:

Krijoni, menaxhoni dhe ekzekutoni me lehtësi rastet e testimeve në plane të ndryshme testimi dhe merrni një pamje në kohë reale të cilësisë së produktit.

Gjurmueshmëria:

Gjurmoni marrëdhëniet përgjatë gjithë projekteve të ndryshme për të parë sa më mirë impaktin e plotë dhe merrni informacion nga e gjithë organizata.

Integrimet:

Gjeni dhe analizoni integrime dy-drejtimshe duke përdorur mjete si Rally, JIRA dhe HPQC me harta fushash të konfigurueshme dhe opsione për afate të personalizuara.

Bashkëpunimi:

Aftësia për të komentuar mbi informacionin e marrë do të lehtësojë në mënyrë të drejtpërdrejtë diskutimet në vazhdimësi si dhe kap bisedën për ide më të fuqishme duke krijuar një historik të dokumentuar vendimesh të marra.

Ripërdorimi i Burimeve dhe Praktikave:

Mbani objektet e përbashkëta në sinkronizim përgjatë projekteve të ndryshme për të krijuar konsistencë e lidhje logjike përgjatë kërkesave dhe për të rritur vlerat e tyre me kalimin e kohës.

PËRFITIMI / VLERA	AFTËSIA / KAPACITETI
Informacione Vepruese Siguroni raporte dhe një bazë fillestare për ta ndarë me grupet e interesit tuaj ndërkohë që kërkesat ndryshojnë, për t'u siguruar që të gjithë e kuptojnë statusin dhe historinë e një projekti.	**Bashkëpunimi:** Kërkoni formalisht vendimarrje brenda kontekstit të objekteve dhe projekteve si dhe shënoni vendimet e marra. **Raportimi:** Personalizoni, mblidhni dhe analizoni këndvështrime të ndryshme të aktiviteteve dhe të të dhënave në nivelet e projektit. **Bazat / Versionimi:** Regjistroni gjendjen e gjithë projektit e gjithashtu gjendjen e nëngrupimeve të detyrave/objekteve që zgjidhni. Mund të ktheheni pas në kohë dhe të krijoni një bazë në një version të mëparshëm në kohë.
Auditoni Historinë dhe Përgjegjësitë Mblidhni dhe organizoni të gjithë kontekstin historik të ndryshimeve të kërkesave në një vend të vetëm dhe siguroni pajtueshmëri.	**Menaxhimi i Ndryshimeve:** Gjurmoni tërësinë e historikut të versioneve të kërkesave dhe objekteve të tjera të projektit. **Gjurmueshmëria:** Gjurmoni marrëdhëniet ndërmjet kërkesave, rasteve të përdorimit, rasteve të testimit, difekteve dhe objekteve të tjera të ndërlidhura në mënyrë që të tregoni pajtueshmërinë me industrinë. **Raportimi:** Ndërtoni raporte të personalizuara për të përmbushur nevojat e analizës të kompanisë tuaj për pajtueshmëri me industrinë.

KONTROLLI I NDRYSHIMEVE DHE PËRMIRËSIMI I CILËSISË

PESË KËSHILLA MBI GJURMUESHMËRINË

Çfarë është gjurmueshmëria? Tingëllon pak e komplikuar dhe pak si shumë punë, apo jo? A ja vlen me të vërtetë përpjekja për të krijuar proçes e gjurmueshmërie? Përgjigja e shkurtër është - *PO*. Dhe ja pse: *Ndryshimet ndodhin*. Nëse ndryshimi menaxhohet keq ai do të bëjë kërdinë edhe te ekipet më të talentuara dhe më me përvojë në zhvillimin e projekteve e të produkteve informatike. Nëse ndryshimi menaxhohet me shkathtësi duke përdorur mjete të tilla si gjurmueshmëria, atëhere ekipet do të jenë të pajisura mirë për të vlerësuar ndikimin e ndryshimeve, për të ndjekur historinë e plotë të tyre, për të mbajtur të gjithë të sinkronizuar si dhe për të përmirësuar vazhdimisht cilësinë e produkteve që po zhvillohen.

Në disa industri, gjurmueshmëria nuk është një opsion por është një detyrim i mandatuar. Ne do t'ju rekomandonim që pavarësisht llojit të industrisë në të cilën punoni ose proçesit që përdorni, gjurmueshmëria është një praktikë e mirë nga e cila ekipi juaj vetëm do të përfitojë. Ne duam të çmitizojmë gjurmueshmërinë dhe konceptet që lidhen me të si dhe t'ju japim pesë këshilla praktike për t'ju ndihmuar të merrni kontrollin dhe të mbani të gjithë të sinkronizuar.

PËRVETËSONI GJURMUESHMËRINË: PESË KËSHILLA THELBËSORE

1. Krijoni marrëdhënie që lidhin gjithësecilin dhe gjithçka së bashku me *Marrëdhënie Gjurmueshmërie*;

2. Sigurohuni që të jeni "të mbuluar" duke përdorur një *Matricë Gjurmueshmërie*;

3. Vlerësoni impaktin e një ndryshimi nëpërmjet *Analizës së Impaktit* përpara se ai të ndodhë;

4. Dokumentoni ndryshimet për të pasur shikueshmëri të plotë dhe një gjurmë të detajuar kontrolli nëpërmjet *Historikut të Versioneve*;

5. Mbani komunikimin të hapur dhe skuadrën të sinkronizuar nëpërmjet *Njoftimeve në Kohë Reale*.

"Kompanitë me menaxhim të arrirë kërkesash dhe proçesesh gjurmueshmërie, kanë një shkallë suksesi 75% më të lartë."

- Business Analyst Benchmark

SFIDAT

 Të notosh mbirrymë ose nënrrymë pa një gjurmë, është e rrezikshme.

A ju duket i njohur ndonjë nga këto skenarë?

Skenari 1. Ju sapo keni marrë një reagim dhe një koment mjaft të vlefshëm nga një prej klientëve tuaj më të mirë dhe rrjedhimisht njëra prej kërkesave të nivelit të lartë të projektit duhet të ndryshojë. Si do të ndikojë ky ndryshim në kërkesat funksionale me të cilat zhvilluesit tuaj janë duke punuar deri në këtë moment? Si do të ndikojë ky ndryshim mbi qëllimin dhe sferën e versionit të ardhshëm të produktit?

Skenari 2. Ekipi juaj i Sigurimit të Cilësisë sapo gjeti një defekt ose keqfunksionim në funksionin e ri më të njohur dhe më popullor të softuerit që po ndërtoni, ndërkohë që ju jeni vetëm dy javë larg lëshimit të softuerit në prodhim dhe në treg. Çfarë do të bëni? Do ta lëshoni produktin në treg bashkë me defektin apo do të vononi lëshimin e produktit derisa ta riparoni defektin? Kush është duke punuar për këtë funksion të ri? Kush tjetër duhet të njoftohet dhe të peshojë marrjen e një vendimi? Çfarë funksionesh të tjera të produktit mund të ndikohen nga ky defekt ose keqfunksionim?

Këto skenare janë pjesë e përdtishme e punës për ekipet e zhvillimit të softuereve. Si mund t'i trajtojmë dhe t'i zgjidhim këto situata? Një nga mjetet e arsenalit tuaj për zgjidhjen e tyre është Gjurmueshmëria. A ja vlen të merremi me gjurmueshmërinë?

Një sfidë e përbashkët me të cilën përballen të gjitha ekipet në zbatimin e gjurmueshmërisë, është zgjatja e kohës së projektit dhe rritja e shpenzimeve. Nuk ka asnjë dyshim se në mënyrë që gjurmueshmëria të kryhet ashtu siç duhet, ajo kërkon një investim në kohë i cili është i nevojshëm që në fillim. Kjo do të ndihmojë të krijohen marrëdhëniet e gjurmimit dhe të konfigurohen raportet e mbulimit. Megjithatë kostot shtesë të shkaktuara nga përdorimi i gjurmueshmërisë janë të vogla në krahasim me kohën dhe paratë që do të kurseni në të ardhmen përgjatë proçesit të zhvillimit të produktit për shkak të përfitimeve që gjurmueshmëria ofron.

PËRFITIMET

 *Për të realizuar një projekt shumë të suksesshëm duhet: realizimi i tij në kohë, brenda buxhetit dhe brenda sferës e qëllimit.*

Për shumicën e organizatave, përfitimet janë të vlefshme të paktën 2 herë më shumë sesa koha e nevojshme për të krijuar gjurmueshmërinë. Me një proçes të qëndrueshëm, dokumenta standarde të strukturuara si dhe një mjet modern të menaxhimit të kërkesave, pjesa më e madhe e proçesit të gjurmueshmërisë mund të automatizohet dhe të jetë e efektshme. Edhe në qoftë se zgjidhni dhe vendosni ta menaxhoni atë manualisht, gjurmueshmëria do ju ofrojë mjaft përfitime të vlefshme si ju ashtu dhe organizatës tuaj, të tilla si:

✓ Minimizimi i Rrezikut	✓ Rritja e Produktivitetit
✓ Kontrolli i Ndryshimeve të Objektit	✓ Mbulimi i Plotë i Testimeve
✓ Përmirësimi i Cilësisë	✓ Rritja e Shikueshmërisë
✓ Ulja e Kostove të Zhvillimit	✓ Rritja e Risive dhe Shpikjeve

 1   MARRËDHËNIET E GJURMËVE

Si në shumë aspekte të jetës edhe suksesi i zhvillimit të produktit është mjaft i ndërvarur nga marrëdhëniet. Të gjitha detajet si p.sh. kërkesat e përdoruesit, kërkesat funksionale, rastet e testimit dhe objekte të tjera që përcaktojnë qëllimin e asaj që ju po ndërtoni janë të lidhura në një farë mënyre me njëra-tjetrën, qoftë direkt ose indirekt.

Ja një shembull konkret i rrjedhës së zakonshme të një proçesi:

OBJEKTIVAT E BIZNESIT	KËRKESAT E PËRDORUESIT	KËRKESAT FUNKSIONALE	MBULIMI I TESTIMEVE QA
Cili është vizioni për këtë produkt?	Cili është shpjegimi i asaj që duan përdoruesit?	Si duhet të funksionojë që të përmbushë kërkesat?	Cilat janë problemet që duhen zgjidhur?

Duke përdorur marrëdhëniet e gjurmëve ju mund të lidhni çdo gjë së bashku për të krijuar një hartë të ndërvarësive mes objekteve të ndryshme.

Këto marrëdhënie janë baza për ta ekzekutuar gjurmueshmërinë në mënyrë të efektshme. Përveç kësaj, marrëdhëniet ndërmjet gjurmëve kanë të bëjnë si me lidhjet ndërmjet punonjësve të përfshirë në projekt ashtu edhe me lidhjet që lidhin së bashku të gjitha objektet. Çdo kërkesë në sistem ka klientë, ka palë të interesuara dhe anëtarë të ekipit të lidhura me të, ka analistë që zotërojnë përcaktimin e kërkesës, ka zhvillues të cilët po e ndërtojnë atë kërkesë, ka inxhinierë të Sigurimit të Cilësisë që po e testojnë atë si dhe ka palë të interesuara dhe klientë të cilët përkujdesen për statusin e saj.

Kur një objekt ndryshon, ndryshimi krijon një efekt rrathësh koncentrikë mbi objektet e lidhura më objektin që ndryshon si dhe mbi anëtarët e ekipit të lidhur me objektet. Gjurmimi i këtij efekti rrathësh koncentrikë është vendimtar për suksesin e projekteve tuaja. Kjo është dhe një nga arsyet kryesore pse organizatat dhe kompanitë kryejnë gjurmimin.

 # 2 MATRICA E GJURMUESHMËRISË

Një Matricë Gjurmimi është shumë e prekshme dhe mund të jetë një raport i vlefshëm i cili do ju ndihmojë për të siguruar një mbulim të plotë testimi. Ju mund të ndërtoni një Matricë Gjurmueshmërie si kjo e mëposhtmja edhe manualisht duke përdorur Microsoft Excel.

ID	KËRKESAT E PËRDORUESIT	GJURMUESHMËRI NËNRRYMË
N2	Përdoruesit e sistemit do të shqyrtojnë kërkesat e daljes në pension.	D10, D11, D12
N3	Përdoruesit e sistemit do të shqyrtojnë kërkesat e të mbijetuarve të një aksidenti	D13

ID	KËRKESAT E PËRDORUESIT	GJURMUESHMËRI MBIRRYMË
D10	Sistemi do të pranojë të dhënat e kërkesave.	N2
D11	Sistemi do të përllogarisë shumën e pensionit.	N2
D12	Sistemi do të përllogarisë kohën e udhëtimit nga njëra pikë në tjetrën.	N2
D13	Sistemi do të përllogarisë shumën e nevojshme për të mbijetuarit e një aksidenti.	N3

Ky shembull i thjeshtë sistemi kërkesash për kompanitë e sigurimeve tregon gjurmueshmërinë mbirrymë dhe nënrrymë ndërmjet kërkesave të përdoruesve dhe atyre të sistemit.

Identifikuesit e kërkesave të përdoruesit fillojnë me "N" ndërsa kërkesat e sistemit fillojnë me "D." Duke e gjurmuar D12-^{tën} tek burimi i saj ne shohim se kjo kërkesë është problematike dhe duhet të rishkruhet në një mënyrë të tillë që ose të mbështesë përpunimin e kërkesave për sigurim të të mbijetuarve të një aksidenti ose të korrigjojë lidhjen e gjurmueshmërisë.

 ### 3 ANALIZA E NDIKIMIT

Çfarë do të ndodhte nëse ju do të mund të parashikonit ndikimin që një ndryshim do të kishte mbi projektin si dhe mbi të gjithë ekipin përpara se ai të ndodhte? A do ta çorodisë ekipin tuaj kjo kërkesë për ndryshim, apo ata i kanë aftësitë dhe forcat për ta kryer me sukses edhe këtë detyrë brenda afateve të përfundimit të produktit?

Për të ditur këto na duhet thjesht të bëjmë Analizën e Ndikimit. Analiza e Ndikimit mbështetet në marrëdhëniet e gjurmëve që ju keni ngritur dhe kjo analizë ju jep një pamje të plotë të të gjitha objekteve që janë prekur prej ndryshimit, si ato të prekura në mënyrë të drejpërdrejtë ashtu dhe ato të prekura në mënyrë jo të drejtpërdrejtë.

 ### 4 HISTORIKU I VERSIONEVE

Nëse ju preferoni t'i shihni gjërat nga një nivel më i lartë dhe nuk ju pëlqen të hyni në detaje të hollësishme, atëhere ky proçes nuk është për ju. Vështrimi në Historikun e Versioneve është për ata nga ne që duan të përveshin mëngët dhe të hyjnë në thellësi dhe në detajet më të hollësishme të çdo ndryshimi.

Të kapësh një regjistrim të plotë dhe të detajuar të të gjitha ndryshimeve në një projekt është një element kritik për të arritur nivele të larta të pjekurisë së kërkesave brenda proçesit tuaj. Është gjithashtu një proçes që ndihmon kompanitë të përmbushin standardet e pajtueshmërisë së industrisë në fusha të veçanta të tilla si aeronautika dhe pajisjet mjekësore. Një nga përfitimet e kryerjes së gjurmueshmërinë është të paturit e një gjurme të plotë të auditimit të ndryshimeve, duke bërë të mundur që ju të analizoni kur dhe pse ka ndodhur një ndryshim. Në të njëjtën kohë ju mund të ktheheni lehtësisht prapa në një version të mëparshëm të ndryshimeve të ndodhura nëse është e nevojshme, sepse gjithçka është e ruajtur në një sistem të unifikuar të dhënash.

Ashtu si me aspektet e tjera të gjurmueshmërisë, ju mund të gjurmoni historikun e versioneve në mënyrë manuale përmes dokumenteve statike duke përdorur versionimin. Ky është një proçes më i pavolitshëm dhe do ju marrë më shumë kohë në rastet kur duhet të menaxhoni projekte të mëdha dhe komplekse.

 ## 5 KOMUNIKIMI NË KOHË REALE

Shmangni "zhurmat". Komunikojini ndryshimet shpejt dhe në mënyrë inteligjente. Sa shpesh keni qenë i përfshirë në një projekt ku puna paralizohet rreth 3-4 ditë pas njoftimit të ndryshimeve? Zakonisht kjo ndodh kur i gjithë ekipi është në një listë të përbashkët e-maili dhe menaxheri i projektit i dërgon atyre një email ku bashkangjit dokumentin 200 faqësh të Specifikimeve të Kërkesave Softuerike sa herë ka një ndryshim të vogël. Qëllimi është i drejtë, por zgjidhja është e gabuar.

Çfarë ndodh më pas? Njerëzit humbin kohë duke kërkuar nëpër specifikimet e kërkesave duke u përpjekur të përcaktojnë nëse ndryshimi i fundit i prek dhe i përfshin edhe ata - dhe kjo është e kushtueshme. Ose ata e kosniderojnë tufën e e-maileve si "zhurma" dhe kështu nuk bëjnë gjë tjetër veçse anashkalojnë dhe e humbin një ndryshim i cili është i rëndësishëm për punën që ata janë duke kryer - dhe kjo është edhe më e kushtueshme.

Ka mënyra më të zgjuara për t'i mbajtur të gjithë njëkohësisht të informuar për gjithçka. Duhet të siguroheni se kushdo që ndikohet nga një ndryshim, do të informohet për ndryshimin. Në të njëjtën kohë ju nuk doni të përmbytni të gjithë organizatën me e-maile të parëndësishme. Çfarë duhet të bëni atëhere? Kur ndodh një ndryshim në projekt ju menjëherë duhet t'i dërgoni një referencë të drejtpërdrejtë vetëm me specifikën që ka ndryshuar si dhe me shënimet përkatëse për versionin vetëm grupeve specifike ose përdoruesve individualë të cilët preken nga ky ndryshim. Proçesi i dërgimit të njoftimeve është pjesë integrale e punës së përgjithshme të menaxhimit të ndryshimit. Shpërndani informacionet vetëm brenda rrathëve të përdoruesve të interesuar për to dhe që preken prej tyre. Shmangni "zhurmat".

Automatizoni gjurmueshmërinë

 Përshpejtoni zhvillimin me 50% dhe përmirësoni cilësinë 2 herë duke automatizuar gjurmueshmërinë.

Ju mund ta menaxhoni gjurmueshmërinë manualisht duke përdorur dokumente të punuara në Microsoft Word ose Excel. Kjo është një alternativë funksionale. Kur keni ekipe të vogla dhe projekte të thjeshta, kjo është ndoshta gjithka që ju nevojitet.

Cila është koha e duhur për të automatizuar proçeset e menaxhimit të projektit? Sfida me zgjidhjet manuale është se ato mund t'ju marrin shumë kohë dhe janë tejet të pavolitshme nëse projektet tuaja kanë një nivel kompleksiteti mbi mesataren, që do të thotë se projekti ka shumë kërkesa, ka ndryshime të shpeshta të objektit, të qëllimit ose të anëtarëve të ekipit të cilët punojnë në distancë nga zyra gjeografikisht larg. Në të tilla skenare automatizimi mund t'i japë një nxitje shumë të madhe produktivitetit, duke ju kursyer kohë dhe buxhet në një periudhë afatgjatë. Automatizimi gjithashtu minimizon rrezikun e gabimeve njerëzore i cili është gjithmonë i mundur pavarësisht qëllimeve më të mira dhe ekipeve shumë të afta dhe profesionale.

Çfarë është KII[2]? Kthimi I Investimit është i ndryshëm për çdo kompani, por gjatë përvojës disavjeçare kemi parë raporte përfitime-kosto në një përpjestim deri në 42:1 për një kompani globale.

Për shumicën e kompanive, si një pikë referimi konservatore, ju

---

[2] Kthimi I Investimit - Return On Investment (ROI)

mund të prisni që të përshpejtoni ciklet e zhvillimit me të paktën 50% dhe të përmirësoni cilësinë 2 ose më shumë herë brenda 6 muajve të parë duke përdorur një zgjidhje të menaxhimit të kërkesave e cila automatizon gjurmueshmërinë.

Terminologjia

Çmitizimi i gjurmueshmërisë dhe i koncepteve që lidhen me të

Përpara se të ulemi dhe të analizojmëë të pesë këshillat mbi gjurmueshmërinë, le të shpenzojmë pak kohë për të shpjeguar disa shprehje dhe terma për t'u siguruar që e kuptojmë zhargonin e këtyre proçeseve.

GJURMUESHMËRIA	Gjurmueshmëria është një nën-disiplinë e menaxhimit të kërkesave. Gjurmueshmëria dokumenton ciklin e një kërkese, gjurmon çdo ndryshim dhe lidh marrëdhëniet e saj me objekte të tjera brenda një projekti.
LIDHJA E GJURMËS	Një lidhje mes objekteve që përbëjnë sferën e një projekti, e përdorur për të ndihmuar në vlerësimin e ndikimit mbi objektet e tjera kur ndodh një ndryshim.
MBIRRYMË	Marrëdhëniet mbirrymë, ose siç njihen ndryshe gjurmueshmëria së prapthi (me kah prapa), vëzhgon lidhjet mes kërkesave të detajuara funksionale duke shkuar mbrapa në kohë deri tek nevoja dhe kërkesa fillestare e klientit si dhe kërkesave të nivelit të lartë të kapura gjatë proçesit. Kjo përdoret për të siguruar që produkti në zhvillim është duke u zhvilluar në rrugën e duhur në lidhje me objektivat e produktit dhe nevojat e klientit.

NËNRRYMË	Marrëdhëniet në drejtim të rrymës, ose siç njihen ndryshe gjurmueshmëria me kah përpara, vëzhgon lidhjet mes kërkesave të detajuara funksionale, rasteve të testimit, detyrave, defekteve dhe objekteve të tjera që e mbështesin atë. Ajo përdoret për të siguruar që ju jeni duke ndërtuar produktin e duhur.
MATRICA E GJURMUESHMËRISË	Një matricë gjurmueshmërie krijohet duke lidhur kërkesat me produktet e punës që plotësojnë dhe përmbushin ato kërkesa. Shpesh kjo përdoret për të gjurmuar testet që lidhen me kërkesat mbi të cilat ato bazohen dhe produktit të testuar për të përmbushur kërkesën.
ANALIZA E NDIKIMIT	Duke përdorur analizën e ndikimit (impaktit), kapen lidhjet e gjurmimit ndërmjet kërkesave, specifikimeve, kompozimit dhe testimeve. Këto marrëdhënie mund të analizohen për të përcaktuar shtrirjen e një ndryshimi.
HISTORIKU I VERSIONEVE	Përdoret për kontrollin e ndryshimeve. Një histori e hollësishme e secilës kërkesë dhe objekteve të tjera dokumentohet dhe ruhet në një sistem të unifikuar të të dhënave, duke bërë të mundur të kemi gjurmë të plota të auditimit të përdorura gjatë ciklit të zhvillimit së kërkesës. Kërkohet për pajtueshmërinë e industrisë në industri të veçanta të tilla si ato të hapësirës ajrore dhe pajisjeve mjekësore.

LIDHJET E DYSHIMTA	Lidhjet e dyshimta ndihmojnë në menaxhimin e ndikimit të ndryshimeve të kërkesave. Një marrëdhënie gjurme (ose lidhje) bëhet e dyshuar pas ndryshimit të një kërkesë në marrëdhënie. Një raport i lidhjeve të dyshuara shpesh përdoret së bashku me Analizën e Ndikimit për të bërë vlerësimin e ndikimit përpara se të bëjmë një ndryshim.
CMMI	Krijuar nga Instituti i Inxhinierisë së Softuereve, modeli CMMI ofron udhëzime drejtuese për zhvillimin apo përmirësimin e proçeseve që plotësojnë objektivat e biznesit të një organizate. Lidhet ngushtë me pjekurinë e menaxhimit të gjurmueshmërisë dhe të kërkesave.

PESË SFIDAT E PLANIFIKIMIT AGILE

DISA ZGJIDHJE PËR ZHVILLIMIN MË TË SUKSESSHËM TË PROJEKTEVE

ag·ile - /'ajəl/ *adjective*

1. Able to move quickly and easily

Relating to or denoting a method of project management, used especially for software development, that is characterized by the division of tasks into short phases of work and frequent reassessment and adaptation of plans. *"Agile methods replace high-level design with frequent redesign"*.

ÇFARË ËSHTË METODOLOGJIA AGILE E MENAXHIMIT TË PROJEKTEVE?

Menaxhimi Agile apo menaxhimi i projekteve me metodologjinë Agile është një metodë përsëritëse dhe progresive në rritje e menaxhimit të projektimit dhe të krijimit të aktiviteteve për projekte në fushën e inxhinierisë, teknologjisë së informacionit si dhe projektet e zhvillimit të produkteve ose shërbimeve të reja në një mënyrë shumë elastike dhe interaktive.

ÇFARË ËSHTË ZHVILLIMI I PROGRAMEVE INFORMATIKE ME METODOLOGJINË AGILE?

Krijimi dhe zhvillimi i programeve informatike me metodologjinë Agile përbëhet nga një grup metodash të zhvillimit të softuerit bazuar në zhvillimin e përsëritur dhe progresiv në rritje gjatë të cilit kërkesat dhe zgjidhjet zhvillohen dhe shtjellohen nëpërmjet bashkëpunimit midis ekipeve ndër-funksionale të vetë-organizuara.

Kjo metodologji promovon planifikimin përshtatës, zhvillimin dhe lëshimin evolutiv të produktit, një qasje përsëritëse brenda një kutie kohore të caktuar si dhe inkurajon përgjigje të shpejta dhe elastike përkundrejt ndryshimeve që ndodhin.

Krahasuar me inxhinierinë softuerike tradicionale, zhvillimi Agile përdoret kryesisht në sisteme komplekse dhe projekte me karakteristika dinamike, jo të përcaktuara dhe jo-lineare, ku vlerësimet e sakta, planet e qëndrueshme dhe parashikimet janë shpesh të vështirë për t'u marrë dhe trajtuar në fazat e hershme të projektit.

Manifesti i metodologjisë Agile:

1. Individët dhe ndërveprimet qëndrojnë mbi proçeset dhe mjetet;
2. Softueri që funksionon qëndron mbi dokumentacionin e hollësishëm;
3. Bashkëpunimi me klientin qëndron mbi negocimin e kontratës;
4. Përgjigja ndaj ndryshimeve qëndron mbi ndjekjen e një plani të paracakuar.

Dymbëdhjetë parimet e metodologjisë Agile

1. Përparësia jonë kryesore është të kënaqim klientin duke i ofruar versione të hershme dhe të vazhdueshme softueri me vlerë për klientin.
2. Mirëpresim kërkesat për ndryshim, madje edhe vonë në proçesin e zhvillimit të softuerit. Proçeset Agile shfrytëzojnë ndryshimin si avantazhin konkurrues të klientit.
3. Dorëzoni shpesh versione funskionale të softuerit, në periudha nga disa javë në disa muaj, me një parapëlqim për shkallën kohore më të shkurtër.
4. Stafi i biznesit dhe zhvilluesit e programeve duhet të punojnë së bashku çdo ditë gjatë gjithë projektit.
5. Ndërtoni projekte përreth individëve të motivuar. Jepini atyre mjedisin dhe përkrahjen që ju nevojitet, dhe besojuni atyre se kanë për ta kryer punën.
6. Metoda më efikase dhe efektive për t'i përcjellë informacionin një ekipi zhvilluesish është biseda dhe takimi ballë për ballë me ta.
7. Softueri që funskionon siç duhet është njësia matëse kryesore e përparimit të projektit.

8. Proçeset Agile nxisin zhvillimin e qëndrueshëm. Sponsorët, zhvilluesit dhe përdoruesit duhet të jetë në gjendje të mbajnë një ritëm të vazhdueshëm gjatë gjithë kohës, pa afat.
9. Vëmendja e vazhdueshme ndaj përsosmërisë teknike dhe projektimit të mirë rrit zhdërvjellësinë.
10. Thjeshtësia është thelbësore.
11. Arkitektura, kërkesat dhe projektimet më të mira dalin nga ekipet që vetë-organizohen.
12. Në intervale të rregullta ekipi reflekton mbi rrugët se si të bëhen më efektivë dhe pastaj akordon dhe përshtat sjelljen e tij në përputhje me rrethanat.

Për shumë persona metodologjia Agile është sa një filozofi aq edhe një proçes modern i zhvillimit të programeve informatike. Idealet e metodologjisë Agile janë të mira. Si mund të nënçmojmë një metodologji zhvillimi e cila fokusohet në një bashkëpunim më të mirë, klientë të kënaqur dhe softuer me cilësi të lartë?

Për këdo që ka përvojë me modelin "Waterfall" apo proçese e metodologji të tjera tradicionale të zhvillimit të programeve informatike, ju mund të shihni qartë se përse metodologjia Agile ka fituar aq shumë tërheqje në një periudhë kaq të shkurtër kohe.

Kur përdoret siç duhet, metodologjia Agile ofron shumë përfitime të tilla si aftësia për të qëndruar të përgjegjshëm dhe për t'ju përgjigjur vazhdimisht nevojave gjithnjë në ndryshim të klientit, potencialit për lëshimin në një kohë më të shpejtë të produkteve në treg si dhe bashkëpunimin kuptimplotë mes klientëve, ekipeve të zhvillimit dhe aktorëve të tjerë brenda biznesit tuaj.

PSE METODOLOGJIA AGILE ËSHTË E VLEFSHME PËR TË GJITHË?

Me kalimin e kohës, ndërkohë që metodologjia Agile bëhet më e arrirë dhe pranohet e miratohet nga organizatat më të mëdha duke u aplikuar në lloje të ndryshme zgjidhjesh, ajo duhet të përshtatet siç duhet për të plotësuar nevojat reale të biznesit. Ashtu si çdo proçes tjetër profesional, metodologjia Agile përfiton aftësi të reja për të prodhuar përfitimet e premtuara dhe duhet të shtrihet në të gjithë organizatën.

Ju nuk mund të keni ekipin tuaj të zhvillimit duke punuar në bazë të metodologjisë Agile ndërkohë që pjesa tjetër e organizatës, Menaxherët e Projekteve, Analistët e Biznesit dhe të tjerë që janë përgjegjës për fazën e planifikimit të projekteve lihen pas ose përdorin metodologji krejt të ndryshme.

Ne shpesh nëpër organizata dëgjojmë pyetje të tilla si:

1. Çfarë jemi duke ndërtuar me të vërtetë këtu? Çfarë po ndodh me kërkesat?
2. Si mund t'i mbajmë të gjithë të përfshirë kur nuk jemi të gjithë në të njëjtën zyrë për një ndërveprim të përditshëm?
3. Si mund të kontrollojmë shtrirjen dhe qëllimin e projektit dhe të komunikojmë ndryshimet kur ato ndodhin?
4. Si mund ta dimë se çfarë do të na japë ekipi i zhvillimit në fund të proçesit?

Në këtë kapitull duam të trajtojmë pesë nga sfidat më të mëdha që ne kemi parë të çojnë në dështim të metodologjisë Agile si dhe disa këshilla se si të bëjnë këtë metodologji të vlefshme për organizatën tuaj.

Ne do të përdorim termin "Agile" si një term ombrellë për të përfaqësuar dhe përmbledhur të gjitha format e zhvillimit përsëritës të programeve qofshin ato *"SCRUM"*, *"Lean Software Development"*, *"Extreme Programmin (XP)"* ose të tjera. Ne gjithashtu nuk do të hyjmë në sfidat specifike taktike, por kemi si synim të trajtojmë disa nga sfidat thelbësore shoqëruar me sugjerime se si të bëheni më të suksesshëm.

Le të Ndërtojmë një skuadër Agile

Si fillim, për të vendosur bazat, le të parafytyrojmë një ekip Agile në krijim e sipër e në nisje të punës. Ekipi juaj me eksperiencë ka dëgjuar shumë për metodologjinë Agile dhe dëshiron të përfitojë më të mirën prej saj - produkte më të mira, cikle zhvillimi më të shkurtra, klientë të kënaqur dhe rezultate të rëndësishme. Ju jeni zgjedhur për ta udhëhequr këtë përpjekje. Ju gjithashtu keni një projekt të ri i cili sapo po nis.

Jo vetëm që ju do të demonstroni fuqinë e metodologjise Agile, por do të zgjidhni edhe shumë probleme që ka bota sot me konsumin e energjisë elektrike. Ne po supozojmë se ekipi juaj përdor që tashti një mjet bashkëpunues informatik të menaxhimit të kërkesave dhe ata janë të aftë të shkruajnë raste përdorimi, të krijojnë raste testimi, të gjurmojnë defekte dhe të ndjekin të gjithë parimet e tjera bazë të zhvillimit të mirë të programeve softuerike.

Tani le të shohim sfidat me të cilat do të ndesheni dhe ti shqyrtojmë ato në të njëjtën rradhë dhe me të njëjtën mënyrë me të cilën ju, ekipi juaj dhe ata të cilët ndërveprojnë me ekipin tuaj mund t'i përjetojnë ato.

PËRPUTHJA E "VIZIONIT" ME "CIKLET PËRSËRITËSE" TË PROJEKTIT

SFIDA

Një sfidë që ju do të përjetoni që në fillim është se ekipi Agile do të dojë të vetë-organizohet dhe fillojë të shkruajë kodin e programit sa më shpejt. Ata do të duan të përcaktojnë histori të përdoruesit, detyra dhe raste testimesh *"të mjaftueshme vetëm"* për të krijuar ciklin e parë përsëritës të softuerit, ose *"Sprintin"* në terminologjinë Agile dhe të prodhojnë kodin funksional të programit. Por ndërkohë pronari i produktit (të cilin ne do ta diskutojmë më pas) mund të thotë: *"Ne e dimë që klientët do të duan të monitorojmë çdo aspekt të produktit kështu që le te fillojmë punën me ndërtimin e një skeme për një bazë të dhënash që mundëson përdoruesit për të krijuar një listë të këtyre aspekteve që produkti do të ofrojë."*

Megjithëse kjo në thelb nuk është e keqe, një fillim shumë i shpejtë mund të shpenzojë kohë dhe energji të kota si dhe të shkaktojë irritim për ekipin tuaj, duke krijuar konflikt të menjëhershëm me ide të tjera në lidhje me karakteristikat dhe parametrat kryesore të produktit si dhe me mënyrën sesi të niset puna në rrugë të mbarë.

Menaxherët dhe madje edhe disa drejtues teknikë të brendshëm si p.sh. Arkitektët dhe Menaxherët e Produktit, mund të fillojnë të thonë *"Prisni! Çfarë po ndërtojmë?"* Në këtë pikë ekipi Agile i zhvillimit mund të përgjigjet, *"Ne jemi vetëm në nisje, sapo kemi filluar ... ne do ta përmirësojmë produktin gjatë rrugës".*

Për fat të keq, kjo është ngushëllim i vogël për ata që duhet të komunikojnë planet e lëshimit të produktit tek klienti, qëllimin e projektit, afatet, modelet e biznesit, KII, dhe planifikin e burimeve të projektit.

ZGJIDHJA

Edhe drejtuesit më të këqinj e kanë një kuptim të përgjithshëm se ku janë duke shkuar para se të ndërmarrin hapin e parë. Duhet fillimisht të shpenzohet kohë dhe energji e mjaftueshme për të krijuar një bazament të qëndrueshëm në vizionin e produktit dhe distilimin e zbërthimin e kërkesave të biznesit të mjaftueshme sa për nisje për t'i dhënë drejtimin ekipit të zhvillimit në atë që janë pritshmëritë në një nivel më të lartë.

Krijimi i një vizioni, dokumentimi i një plani për produktin dhe organizimi i rasteve të përdorimit sipas prioriteteve nuk ka nevojë që të marrë muaj kohë ashtu siç ndodh me një qasje Waterfall. Sigurisht që disa javë ndërveprim të menduar dhe të kujdesshëm me klientin, skica dhe plane paraprake dhe analiza të tregut janë të nevojshme para se të fillojë puna.

Ekipi i zhvillimit duhet të marrë pjesë sigurisht në proçesin e të menduarit mbi arkitekturën, nevojave të ekzekutimit dhe efektshmërisë, eksperiencën e përdoruesit, nevojat e platformës si dhe kërkesave të tjera. Megjithatë edhe ky planifikim paraprak mund të aplikojë qasje Agile, krijimin e shpejtë të prototipit (pa shkruar kodin) dhe cikle reagimi të menjëherëshm të klientëve për të marrë udhëzime dhe drejtime të qarta që në fillim të punës.

Një dokumentacionin bazë i këtij vizioni, qartësia mbi atë të cilën po synoni të zhvilloni, pse klientët janë të interesuar dhe kujdesen për këtë projekt, dhe një pamje e përgjithshme udhërrëfyese e projektit do të bëjë që të gjithë, duke filluar nga Drejtori Ekzekutiv e deri te recepsionisti, të jenë entuziastë që ju keni një plan pune.

2   QARTËSIMI I ROLIT TË "PRONARIT TË PRODUKTIT"

SFIDA

Një sfidë tjetër e rëndësishme që mund të shkaktojë ankth afatshkurtër ose afatgjatë është zgjedhja, përcaktimi dhe fuqizimi i rolit të "Pronarit të Produktit" në proçesin tuaj të ri Agile. Le të pranojmë se ky është një rol i vështirë. *"Pronarët e Produkteve"* janë përgjegjës për të qenë *"zëri i klientit"*, evangjelisti dhe vendimmarrësi si dhe përzierja e përsosur e mendjemprehtësisë së biznesit dhe trurit teknik.

Do zgjidhni një menaxher produkti i cili më parë ka qenë kampion produkti dhe panairesh të mëdha por nuk e njeh zhvillimin e softuerit Agile? Apo ndoshta ju duhet të zgjidhni një menaxher të projektit ose menaxherin e programit që e kupton zhvillimin e softuerit dhe ndoshta ka dëgjuar që ju duhet të ndërtoni disa grupe fokusi? Apo ju duhet të emëroni një arkitekt sistemi me eksperiencë dhe inovativ, i cili mund të hartojë një sistem prej 10 milionë përdoruesish? Cilado qoftë zgjedhja juaj, Pronari i Produktit është një rol kritik për të nxitur prioritetet, për të miratuar lëshimet e versioneve të programeve dhe për të qëtë një ndërlidhës midis zhvilluesve dhe pjesës tjetër të kompanisë dhe shpesh të tregut. Përzgjedhja e personit të gabuar ose përcaktimi i gabuar i rolit të pronarit të produktit, e lë ekipin tuaj Agile të ecë përpara në mënyrë të çalë ose edhe më keq.

Zgjidhja

Roli i Pronarit të Produktit është me të vërtetë sfidues. Ju duhet të mendoni për këtë rol më shumë si një grup aktivitetesh, ndërveprimesh dhe rezultatesh të dëshiruara dhe jo thjesht si një titull pune dhe duhet të strukturoni ekipin dhe përgjegjësitë tuaja në përputhje me këtë koncept.

Një nga rolet kryesore të një "Pronari Produkti" është se ata duhet të shpenzojnë një sasi të konsiderueshme kohe në kontakt direkt me ekipin e zhvillimit. Ata duhet të marrin pjesë në çdo shqyrtim cikli përsëritës (shpesh takime të shumta në javë), të shkruajnë e të shqyrtojnë rastet e përdorimit, të ndihmojnë në shkrimin e rasteve të testimit dhe t'i miratojnë ato, si dhe të jenë në dispozicion për të shqyrtuar dhe miratuar lëshimet e versioneve të ndryshme të softuerit. Ky është një rol shumë praktik dhe pjesëmarrës në aktivitetet e përditshme të projektit që kërkon kohë dhe angazhim serioz. Nëse dikush është kaq i angazhuar në aktivitetet praktike të përditshme me ekipin e zhvillimit, cili është duke kryer gjithë punën e rëndësishme me tregun dhe klientët? Dikush duhet ta kryejë atë rol ose përndryshe prisni dështimin. Dikush si p.sh. Menaxheri i Produktit ose Menaxheri i Marketingut të Produktit duhet të marrë përsipër këtë rol i cili është më i fokusuar ndaj biznesit dhe në mbështetje të Pronarit të Produktit.

Ti bashkosh këto dy role në një vend dhe t'i bësh ata të kuptojnë se si duhet të punojnë së bashku dhe se si do të merren vendimet në nivel taktik është një hap kyç për të arritur suksesin në projekt.

Menaxheri i Produktit duhet të marrë pjesë në takimet e planifikimit, të bien dakord për prioritetet dhe zbatimin dhe pastaj të lejojë një Pronar Produkti, i cili është më shumë teknik, që të nxisë marrjen e vendimeve të përditshme, të shkruajë rastet e përdorimit dhe të miratojë rastet e testimeve. Nëse një person i vetëm do të jetë përgjegjës për të gjitha këto aktivitete, atëhere më mirë të jetë një superhero sepse vetëm një i tillë do të jetë i suksesshëm, duke përjashtuar rastet e projekteve të vogla apo në tregje shumë të përcaktuara.

3 BËJENI KLIENTIN PJESË TË SKUADRËS AGILE DHE TË PROJEKTIT

SFIDA

Një nga parimet kryesore të metodologjisë, sic e pamë edhe nga Manifesti Agile është: *"Përparësia jonë kryesore është të kënaqim klientin"*. Megjithatë le të qartësojmë diçka. Pronari i Produktit NUK është klienti. Punonjësit e marketingut NUK janë klienti. Drejtori Ekzekutiv NUK është klienti. I vetmi person që është klienti është ... vetë Klienti. Kjo mund të tingëllojë si një lojë fjalësh, por kjo është një nga sfidat më të mëdha për ekipet Agile të cilat punojnë për zhvillimin e produkteve të fokusuara drejt tregut.

Kur metodologjia Agile filloi të pëlqehet dhe të përdoret gjithnjë e më gjerë në Teknologjinë e Informacionit dhe në zhvillimet e produkteve brenda kompanive, përfshirja e klientëve drejtpërdrejt në proçesin Agile ishte relativisht e thjeshtë. Merrej produkti i cili sapo kishte mbaruar një cikël zhvillimi dhe uleshe bashkë me klientin diku në një sallë dhe merrej mendimi dhe reagimi i klientit. Por ndërkohë që metodologjia Agile u përhap në zgjidhje për tregje më të hapura, marrja e mendimeve dhe reagimeve të klientëve në kohën e duhur u bë më e vështirë. Ajo bëhet veçanërisht e vështirë për një projekt të ri i cili nuk ka ende asnjë klient që paguan për produktin, por bëhet edhe më sfiduese për produktet e konsumit të gjerë, ku "klienti" shpesh ndjehet dhe perceptohet si një treg masiv personash.

Ka disa arsye pse ekipet e gjejnë të vështirë për të sjellë në projekt klientët e vërtetë gjatë proçesit të zhvillimit Agile:

1. Perceptimi se këto aktivitete do të ngadalësojnë punën e ekipit;
2. Informacioni i marrë është i turbull aq sa shpesh injorohet;
3. Pasiguria se cili është me të vërtetë klienti;
4. Ata thjesht nuk e dinë si ta përfshinë klientin, ose përpiqen të mbështeten në sondazhe tradicionale e grupe pune të përqëndruara.

Për shkak të këtyre sfidave, është e lehtë për zhvilluesit apo edhe Pronarët e Produktit për t'i "rënë shkurt" duke përdorur deklarata bazuar në mendime personale të tilla si, "... unë do ta dëshiroja këtë funksion", "... duhet të funksionojë në këtë mënyrë" ose "... klienti do ketë nevojë për këtë" për të marrë vendime mbi produktin, në vend që të mbledhë reagime të vërteta nga klienti.

Zgjidhja

Për të qenë me të vërtetë Agile, është e rëndësishme të sjellim klientin t'i bashkohet përpjekjeve tona në pikat e duhura dhe me metodat e duhura. Ndërkohë që marrja e mendimeve të vërteta nga klientët gjatë gjithë planifikimit dhe zhvillimit Agile mund të duket si detyrë e vështirë, ajo nuk ka pse të jetë e tillë. Ne mund të përdorim tre hapa të thjeshtë dhe njësoj të rëndësishëm për të marrë mendime dhe reagime të shpejta nga klienti, të cilat do të mbështesin përpjekjet tona të zhvillimit Agile.

Këto hapa janë:

1. **Qasja:** Duhet të gjeni dhe të identifikoni një grup klientësh tek të cilët mund të mbështeteni për të siguruar sugjerime të sakta dhe në kohë. Këta janë shpesh përdorues të hershëm të produktit që janë të gatshëm të ndajnë me ju jo vetëm njohuritë e tyre, por kanë dëshirë edhe të jenë pjesë e suksesit tuaj. Një implementim i suksesshëm Agile kërkon krijimin e një paneli klientësh ose bordi këshillues.

2. **Dëgjimi:** Pasi të keni siguruar një qasje të drejtpërdrejtë dhe të shpejtë te klientët, duhet të zhvilloni aftësinë për t'i dëgjuar ata në mënyrë aktive. Kjo nuk është e njëjtë me drejtimin e një fokus grupi, organizimin e një pyetësori ose thjesht ti pyesni klientët se çfarë duan. Edhe pse këto janë gjithashtu metoda që mund të përdoren, është kritike që ju të ndërmerrni një ndërveprimin shumë cilësor me klientët tuaj, ose personalisht ose me anë të mjeteve të përshtatshme të bashkëpunimit, duke i kërkuar atyre vazhdimisht mendime për nevojat reale, problemet, dëshirat, dhe duke marrë reagimet e tyre objektive.

3. **Komunikimi:** Kjo do ju japë mundësi të depërtoni në

përpjekjet tuaja për zhvillimin e produktit përmes rasteve të qarta dhe prioritare të përdorimit të tij, vlerave relative të çdo funksioni të produktit si dhe të ndërtoni rastet e testimit të cilat pasqyrojnë mënyrën sesi klientët tuaj do të duan ta përjetojnë produktin që po ndërtoni.

4   ZHVILLONI NJË PROÇES "WATERSCRUMFALL"

SFIDA

Siç e përmendëm edhe më parë, menaxhimi ka nevojë për një udhërrëfyes, një afat, një dokument vizioni dhe një plan. *"Por kjo nuk është Agile!"* do të thoshte një ekip Agile. Kjo është një nga arsyet kryesore që shumë kompani, në mënyrë të hapur apo të fshehtë, krijojnë një metodologji dhe një model hibrid Waterfall dhe Agile. Ata përdorin metodën Waterfall për të mundësuar paraprakisht zhvillimin e një plani dhe pastaj i lejojnë ekipit të zhvillimit të marrë përsipër dhe të përdori qasjen e tij Agile. Kur produkti të jetë afër momentit të lëshimit të tij në treg, ekipi do të përpiqet të kthehet te plani i zhvilluar nën metodën Waterfall. Kjo shpesh përfshin aplikimin e kritereve të gatishmërisë për lëshimin e produktit në treg, të cilat janë zhvilluar gjatë planifikimit fillestar. Në këtë pikë ekipi merr një përgjigje të shpejtë nga drejtuesit e organizatës, *"Po ... kjo nuk është ajo për të cilën ne kemi rënë dakord!"* dhe kësaj ekipi i zhvillimit i përgjigjet, *"Epo, është Agile"*.

Megjithëse ky proçes hibrid mund të funksionojë, ai krijon tendosje të madhe në organizimin dhe brenda organizatës sepse ekipi i drejtuesve ndjek një lloj proçesi ndërsa ekipi i zhvillimit ndjek proçese me filozofi, kushte dhe njësi matëse të ndryshme. Në metodën Waterfall, kur një "plan" krijohet dhe miratohet, pritshmëria është që plani do të ndiqet dhe produkti do të dorëzohet bazuar në këtë plan, edhe atëhere kur ekipi i zhvillimit është duke përdorur metodologjinë Agile për ekzekutimin e tij.

Unë dhe ndoshta edhe disa nga ju do të thonë, *"por kjo nuk është me të vërtetë Agile"* sepse metodologjia Agile kërkon që plani duhet të jetë fleksibël, dhe prioritetet të rishikohen dhe riorganizohen vazhdimisht. Ne e shohim shpesh në fakt këtë lloj qasje dhe shumë prej nesh e përshkruajnë atë si *"WaterScrumFall"*. Në të vërtetë kjo është një përzierje ndërmjet një proçesi tradicional të përcaktimit të plotë të një produkti që në fillimet e projektit dhe më pas ekipi i zhvillimit përdor një proçes të brendshëm Agile për të kryer ndarjen e punës dhe për të prodhuar kodin e programit.

Por shpesh testimi i vërtetë dhe zhvillimi i vërtetë nuk fillojnë derisa të fillojë testimi i rezultateve të pritura. Por në këtë pikë është shumë vonë për të përfituar nga fuqia e metodologjisë Agile në zhvillimin e programeve informatike. Kush e ka fajin në këtë rast?

Zgjidhja

Një implementim i vërtetë Agile kërkon që ekipi menaxhues, marketingu si dhe funksionet e tjera të një organizate të jenë në përputhje me parimet e zhvillimit Agile. Evangjelistët e metodologjisë Agile duhet të njohin dhe të pranojnë nevojat e drejtuesve të biznesit dhe të departamenteve të tjera. Gjithashtu këto grupe të tjera duhet të pranojnë metodat dhe përfitimet e metodologjisë Agile. E shpjeguar më konkretisht, piketat kilometrike të udhërrëfyesit të produktit dhe lëshimet e produktit në treg të zhvilluara me modelin Waterfall duhet të jenë krejtësisht në një linjë me ciklet Agile të zhvillimit dhe lëshimet e versioneve të softuerit pas secilit prej këtyre cikleve.

Nëse ekipi i zhvillimit është duke praktikuar metodologjinë Agile, ata duhet të krijojnë faza ndërtimi të produktit të cilat zhvillohen sipas planit dhe të sigurojnë paralajmërime të hershme të asaj që është me të vërtetë duke u përfunduar dhe se si ajo reflektohet tek udhërrëfyesi i ndërtimit të produktit. Për të udhëhequr qasjen ciklike përsëritëse të ekipit të zhvillimit, ekipet e marketingut dhe shitjes duhet të kenë të qartë se çfarë klientët konsiderojnë më të rëndësishme dhe se si dinamikat e tregut janë duke ndikuar mbi kërkesat e zgjidhjes për të drejtuar përpjekjet Agile pas çdo cikli të zhvillimit të produktit.

Në fund të fundit çdo qasje Agile e përdorur nga ekipi i zhvillimit duhet të mbështesë të gjitha nevojat e biznesit dhe të adresojë të gjitha shqetësimet e palëve të interesuara në projekt.

5   MOS HUMBISNI PAMJEN E MADHE DUKE RENDUR PAS DETAJEVE TË VOGLA

SFIDA

Në fazat e hershme të një projekti të ri Agile gjithçka duket sikur shkon mirë. Ekipi juaj është duke punuar me historitë e përdoruesve, me rastet e testimit, me ndërtimin e karakteristikave të programit dhe ata gjithashtu po zhvillojnë e prodhojnë kodin e tij. Vizioni dhe Plani janë përcaktuar dhe të gjithë janë të ngazëllyer se do të jenë shumë të suksesshëm. Ju gjithashtu keni trajtuar dhe zgjidhur qetësisht disa nga çështjet e para që lidhen me platformën dhe arkitekturën e produktit. Në qoftë se ju keni zgjidhur tashmë katër sfidat e diskutuara më lart, kjo sfidë e fundit nuk duhet të jetë shumë e vështirë për t'u zgjidhur.

Por ndërkohë që ecet përpara me metodologjinë Agile, puna e pakryer sa vjen e shtohet, mbërrijnë gjithmonë ide të reja, defektet grumbullohen dhe ekipi i zhvillimit fillon të lodhet dhe të irritohet. Progresi duket se është ngadalësuar meqënëse është shpenzuar shumë kohë me defektet, me ndryshimet në projektim dhe me përmirësime të vogla.

Në këtë pikë duket më e lehtë për t'u përqëndruar në atë që mund të bëhet mbi atë që duhet bërë sipas planit. Ju mund të filloni të shtoni si pykë karakteristika të vogla dhe përmirësime shtesë, ndërkohë që probleme më të mëdha, më sfiduese dhe më të vlefshme mbeten pa u zgjidhur për shkak se këto përpjekje të mëdha nuk lejojnë hapësira për të rregulluar defektet dhe për të përmbyllur karakteristikat dhe tiparet e programit. Vendimet bëhen më të vështira për t'u marrë dhe irritimi shtohet. Ekipi drejtues i organizatës tuaj mund edhe të fillojë të mendojnë që kjo metodologjia Agile nuk bën për projektin meqënëse nuk po bëhen dorëzime të fazave të projektit sipas planit fillestar.

Zgjidhja

Në këtë pikë është më e rëndësishme se kurrë që të ktheheni tek bazat - qartësoni vizionin, dëgjoni komentet dhe shqetësimet reale të klientëve dhe përqëndrohuni në atë që është "gjëja kryesore".

Cilat janë karakteristikat, historitë e përdoruesve, rastet e përdorimit si dhe atributet e tjera që ju DUHET t'i zhvilloni saktë për të qenë i suksesshëm në treg? Sa më shumë që zgjidhja juaj i afrohet fazës së dorëzimit tek klienti, metodologjia Agile nuk mund të jetë një proçes filozofik i zhvillimit të programeve informatike por një proçes biznesi për të prodhuar dhe për t'i dhënë vlerë më të madhe klientëve dhe oferta më konkurruese tregut.

Përdorni aftësitë tuaja Agile për të marrë vendime të vështira për heqjen e karakteristikave më pak të rëndësishme që nuk janë të plota, për të injoruar defekte në dukje kritike por jo të rëndësishme dhe për të riaktivizuar ekipin mbi ato veti të produktit të cilat klientit i interesojnë më shumë. Këto vendime të vështira natyrisht që nuk mund të presin deri në fazën finale para lëshimit të produktit në treg, por ato janë vendime që duhet të merren në mënyrë të vazhdueshme përgjatë gjithë proçesit të zhvillimit.

Nëse jeni duke marrë në konsideratë adoptimin dhe përdorimin e metodologjisë Agile në organizatën tuaj, atëhere mund të merrni në konsideratë këto pesë sfida që kanë të bëjnë me fazën e planifikimit e të zhvillimit të projektit. Ato do ju ndihmojnë shumë.

PJESA E DYTË

MENAXHIMI I KËRKESAVE TË PROJEKTIT

KATËR PARIMET THEMELORE QË SECILI NGA NE DUHET TË DIJË

Shumë shpesh projektet dështojnë për shkak të kërkesave të menaxhuara keq. Thelbi i këtyre dështimeve është se projektet janë gjithnjë e më komplekse, ndodhin gjithmonë ndryshime dhe komunikimi është sfidues. Ne duam t'ju sjellim katër parimet bazë të cilat çdo anëtar i ekipit dhe i palëve të interesuara duhet të dijë. Këto janë thjesht vetëm bazat për të ndihmuar ekipin tuaj të prodhojë dhe të dorëzojë atë që kanë premtuar.

PSE EKIPET E SUKSESSHME KRYEJNË MENAXHIMIN E KËRKESAVE?

Menaxhimi i kërkesave ka të bëjë me mbajtjen e ekipit të

sinkronizuar dhe kjo siguron shikueshmëri mbi atë çka po ndodh brenda projektit. Është kritike për suksesin e projektit që i gjithë ekipi të kuptojë se çfarë janë duke ndërtuar dhe pse po e ndërtojnë - kështu e përcaktojmë ne menaxhimin e kërkesave.

"Pse"-ja është e rëndësishme sepse ajo na siguron kontekstin e qëllimeve, sugjerimeve dhe vendimeve të marra në lidhje me kërkesat. Kjo rrit parashikueshmërinë e suksesit të ardhshëm dhe të problemeve të mundshme që mund të dalin, duke e lejuar kështu ekipin tuaj të korrigjojë me shpejtësi kursin dhe problemet, si dhe të përfundojë me sukses projektin në kohë dhe brenda buxhetit të parashikuar.

Si fillim do të ishte e vlefshme për gjithkënd të përfshirë në projekt që të krijojë një kuptim bazë se çfarë janë kërkesat dhe se si duhet ti menaxhojmë ato.

 A e dinë të gjithë se çfarë jemi duke ndërtuar dhe pse po e ndërtojmë? Kjo është vlera e menaxhimit të kërkesave.

Kërkesat janë një dokument (ose i quajtur ndryshe "Objekti i Projektit") që përcakton atë që ju kërkoni të arrini ose të krijoni. Ai identifikon dhe shpjegon atë që një produkt duhet të bëjë, si duhet të duket produkti, si duhet të funksionojë produkti dhe çfarë vlere ka ai. Një kërkesë mund të shprehet me tekst, skica, modele të detajuara dhe çdo informacion tjetër i cili i komunikon sa më mirë të jetë e mundur një inxhinieri atë që duhet ndërtuar si dhe një menaxheri të Sigurisë së Cilësisë se çfarë duhet të testojë.

Në varësi të proçesit të zhvillimit që keni përcaktuar, ju mund të përdorni terminologji të ndryshme për të kapur kërkesat. Kërkesave të nivelit të lartë nganjëherë ju referohemi thjesht si *"nevoja"* ose *"qëllime"*. Brenda kuadrit të praktikave të zhvillimit të softuerit, kërkesat mund të quhen *"raste të përdorimit"*, *"karakteristika"* ose *"kërkesa funksionale"*. Po të shikojmë edhe më konkretisht brenda metodologjive të zhvillimit Agile, kërkesat shpesh kapen si *"epika"* ose *"tregime"*.

Pavarësisht se me çfarë emri apo terminologjie ekipi juaj i referohet kërkesave ose pavarësisht çfarë proçesi ju jeni duke përdorur, kërkesat janë thelbësore për zhvillimin e të gjitha produkteve. Po nuk përcaktuat qartë kërkesat ju mund të prodhoni një produkt jo të plotë ose të mangët.

Mund të përfshihen shumë punonjës përgjatë gjithë proçesit të përcaktimit të këtyre kërkesave. Një prej palëve të interesuara p.sh. mund të kërkojë një funksion i cili përshkruan se si produkti do t'i japë vlerë zgjidhjes së një problemi. Një projektues mund të përcaktojë një kërkesë të bazuar në mënyrën se si produkti përfundimtar duhet të duket apo të funksionojë nga këndvështrimi i përdorshmërisë ose ndërfaqes së përdoruesit. Një analist biznesi mund të krijojë një kërkesë të sistemit që aderon brenda kufizimeve të veçanta teknike ose organizative.

Për produktet e sofistikuara dhe aplikacionet softuer që ndërtohen në ditët tona, shpesh duhen me qindra ose mijëra kërkesa për të përcaktuar mjaftueshëm qëllimin dhe objektin e një projekti. Si rrjedhim është e domosdoshme që ekipi të ketë mundësi qasje, të bashkëpunojnë, të rifreskojë dhe të provojë çdo kërkesë deri në përfundim të projektit, meqënëse kërkesat natyrshëm ndryshojnë dhe zhvillohen me kalimin e kohës gjatë proçesit të zhvillimit të softuerit.

Tani që përcaktuam vlerën e menaxhimit të kërkesave në një nivel të lartë, le të shkojmë më në thellësi dhe në detaje të katër parimet bazë që çdo anëtar i ekipit dhe palë e interesuar do të përfitojnë duke i kuptuar:

1. Planifikimi i kërkesave të mira: "Çfarë jemi duke ndërtuar këtu?"
2. Bashkëpunimi dhe pjesëmarrja: "Vetëm miratoni specifikimet tashmë"
3. Gjurmimi dhe menaxhimi i ndryshimeve: "E dinë zhvilluesit që kjo ka ndryshuar?"
4. Sigurimi i cilësisë: "A e ka analizuar dhe provuar ndokush këtë gjë?"

 **PLANIFIKONI KËRKESA TË MIRA**

Çfarë e bën një kërkesë të mirë? Një kërkesë e mirë duhet të jetë e vlefshme dhe vepruese; ajo duhet të përcaktojë një nevojë si dhe të ofrojë një rrugë për zgjidhjen. Gjithkush në ekip duhet të dijë se çfarë kuptimi ka kërkesa. Kërkesat ndryshojnë në kompleksitetin e tyre. Ato mund të jenë ide të papërpunuara dhe të skicuara në një tabelë të bardhë, të listuara si deklarata të llojit "çfarë duhet bërë". Ata mund të jenë gjithashtu pjesë e një grupi me kërkesat e nivelit të lartë të ndara në nën-kërkesa. Ato mund të përfshijnë specifikime shumë të detajuara që përmbajnë një grup kërkesash funksionale të cilat përshkruajnë sjelljen ose komponentët e produktit përfundimtar.

Kërkesat e mira duhet të jenë konçize dhe specifike si dhe duhet ti përgjigjen pyetjes, *"për çfarë kemi nevojë?"* dhe jo pyetjes *"si mund ta përmbushim një nevojë?"* Kërkesat e mira sigurojnë që të gjithë palët e interesuara do ta kuptojnë pjesën e tyre të planit të punës; nëse ka pjesë që janë të paqarta ose të keqinterpretuara, atëherë produkti përfundimtar mund të jetë i mangët ose të dështojë.

Parandalimi i dështimeve apo keqinterpretimeve të kërkesave mund të arrihet duke marrë vazhdimisht komente dhe sugjerime nga ekipi gjatë gjithë proçesit të punës, ndërkohë që kërkesat evoluojnë. Bashkëpunimi i vazhdueshëm dhe përfshirja e gjithëkujt është çelësi i suksesit.

2   BASHKËPUNIMI DHE PJESËMARRJA

A janë të gjithë pjesëmarrës në projekt? A kemi marrë miratimin e kërkesave për të ecur përpara me projektin? Këto janë pyetje që lindin gjatë cikleve të zhvillimit. Do të ishte shumë mirë nëse të gjithë do të mund të pajtoheshin rreth kërkesave, por në projektet e mëdha me shumë aktorë kjo zakonisht nuk ndodh. Përpjekjet për të bërë të mundur që të gjithë të pajtohen me kërkesat mund të shkaktojnë vonesa në vendime apo edhe më keq, mosmarrjen e vendimeve.

Marrja e konsensusit për çdo vendim nuk është gjithmonë e lehtë. Praktikisht ju nuk doni domosdoshmërisht "konsensus" por doni "pjesëmarrje" nga grupi dhe miratim nga ata që janë në kontroll, në mënyrë që të mund ta çoni projektin përpara.

Nëpërmjet konsensusit ju përpiqeni t'i bëni të gjithë të arrijnë një kompromis dhe të pajtohen për vendimin e marrë. Nëpërmjet pjesëmarrjes ju përpiqeni t'i bëni aktorët e projektit që të mbështesin zgjidhjen më të mirë, të marrin një vendim të zgjuar dhe të bëjnë atë që është e nevojshme për të ecur përpara. Ju nuk keni nevojë që të gjithë të pajtohen me faktin që vendimi i marrë është më i miri. Ju keni nevojë që të gjithë të mbështesin vendimin që është marrë.

Bashkëpunimi në ekip mund të ndihmojë në marrjen e mbështetjes për vendimet si dhe për të planifikuar kërkesa të mira. Ekipet bashkëpunuese punojnë shumë për të siguruar që të gjithë të jenë pjesëmarrës në projekte dhe të japin rekomandime dhe komente. Ekipet bashkëpunuese vazhdimisht ndajnë ndërmjet tyre idetë, kanë komunikim më të mirë dhe kanë tendencë për të mbështetur vendimet e marra, sepse ato kanë një ndjenjë të përbashkët të angazhimit dhe të kuptuarit të qëllimeve të projektit. Ndërsa kur zhvilluesit, testuesit apo aktorët e tjerë e ndjejnë veten jashtë projektit, atëhere lindin probleme me komunikimin, njerëzit irritohen dhe projektet vonohen.

Pasi të gjithë janë bërë pjesë e punës, është e domosdoshme që kërkesat të jenë të qarta dhe të dokumentuara mirë. Gjërat ndërlikohen pak atëhere kur duhet të gjurmoni të gjitha kërkesat. Imagjinoni sikur duhet të bëni një listë detyrash një kilometër të gjatë dhe për ta plotësuar listën ju duhet të bashkëpunoni me shumë njerëz të tjerë. Si do të gjeni nëse ndryshimi i një prej elementeve do të ndikojë në pjesën tjetër të projektit? Këto janë rastet kur gjurmueshmëria dhe menaxhimi i ndryshimeve japin vlerë të shtuar në menaxhimin e projektit.

 ## GJURMUESHMËRIA DHE MENAXHIMI I NDRYSHIMEVE

Gjurmueshmëria e kërkesave është një mënyrë për të organizuar, dokumentuar dhe gjurmuar ciklin e zhvillimit të të gjitha kërkesave tuaja, që nga ideja fillestare e deri te testimi. Një metaforë e thjeshtë për gjurmueshmërinë është të bashkimi i pikave për të identifikuar marrëdhëniet midis objekteve brenda projektit. Këtu kemi një shembull të një rrjedhe logjike të zakonshme të kërkesave nga konceptimi e deri në testim:

Ju duhet të jeni në gjendje të ndiqni secilën nga kërkesat tuaja mbrapsht deri në objektivin e saj origjinal të biznesit. Duke gjurmuar kërkesat ju do të jeni në gjendje të identifikoni efektet e rrathëve koncentrikë të shkaktuara nga ndryshimet dhe të vëzhgoni nëse një kërkesë ka përfunduar dhe nëse po testohet siç duhet. Gjurmimi dhe menaxhimi i ndryshimeve i sigurojnë menaxherëve qetësi, fushëpamjen e nevojshme për të parashikuar çështjet dhe sigurimin e një cilësie të vazhdueshme.

Gjurmimi gjithashtu ju ofron mbulimin e nevojshëm i cili krijon mundësinë për t'u siguruar që produkti i plotëson të gjitha kërkesat thelbësore. Për shkak se kërkesat vijnë nga njerëz të ndryshëm - nga konsumatorët e deri tek inxhinierët - çdo person kontribuon me kërkesa të ndryshme për projektin. Duke gjurmuar kërkesat ju siguroheni që i gjithë ekipi juaj qëndron i lidhur me ndërvarësitë e objekteve të tjera si dhe me njerëzit që punojnë me ato objekte.

Menaxhimi i ndryshimeve është i rëndësishëm dhe shmang *"shkarjet nga objekti"* brenda projekteve dhe lëshimeve të versioneve të softuerit. *Objekti* i referohet *"punës që duhet të kryhet për të ofruar një produkt me tiparet dhe funksionet e specifikuara"*.

"Shkarja nga objekti" i referohet ndryshimeve të paplanifikuara në zhvillim të cilat ndodhin kur kërkesat nuk janë kapur, nuk janë kuptuar dhe nuk janë komunikuar në mënyrë të qartë. Dobia e kërkesave të mira është një kuptim i qartë i produktit përfundimtar dhe objektit të projektit. Kjo çon në afate dhe buxhete më të mira të zhvillimit të produktit të cilat pastaj parandalojnë vonesat dhe tejkalimet e kostos së projektit.

 ## 4   SIGURIMI I CILËSISË

Marrja e saktë e kërkesave që në fillim të projektit mund të nënkuptojë cilësi më të mirë, cikle më të shpejta të zhvillimit dhe kënaqësi më të lartë të klientit me produktin përfundimtar. Menaxhimi i kërkesave jo vetëm që ju ndihmon t'i administroni këto në mënyrë të drejtë e të saktë, por edhe ndihmon ekipin tuaj për të kursyer buxhetin si dhe shumë dhimbje koke përgjatë gjithë proçesit të zhvillimit. Kërkesat specifike e konçize do t'ju ndihmojnë t'i zbuloni dhe t'i riparoni që në fillim problemet dhe jo atëhere kur të jetë tepër vonë dhe/ose kur të bëhet edhe shumë më e shtrenjtë për t'i riparuar ato.

Hulumtimet kanë treguar se ekipet e projekteve mund të eliminojnë në mënyrë efektive 50-80% të defekteve të projektit thjesht duke menaxhuar kërkesat. Përveç kësaj, korrigjimi i një defekti në fazat e mëvonëshme të proçesit të zhvillimit pasi ai është e koduar në softuer mund të kushtojë deri në 100 herë më shumë sesa do të kishte kushtuar po të ishte korrigjuar më herët, atëherë kur ishte ende thjesht një kërkesë.

Duke integruar menaxhimin e kërkesave brenda proçesit të sigurimit të cilësisë ju mund të ndihmoni ekipin tuaj të rrisë efikasitetin dhe të eleminojë punën e dyfishtë. Puna e dyfishtë, si rikthim për të ripunuar të njëjtën kërkesë, mbart edhe kostot më të larta për një projekt. Sipas studimeve, *"60-80 për qind e kostos së zhvillimit të softuerit qëndron te ripunimet ose puna e dyfishtë"*. Me fjalë të tjera, ekipet e zhvillimit humbasin pjesën më të madhe të buxheteve të tyre duke u përpjekur të ripunojnë atë që nuk është punuar saktë që herën e parë. Për shembull, një zhvillues i bazuar në një dokument të vjetëruar specifikimesh fillon dhe programon një funksion të programit, vetëm për të zbuluar më vonë se kërkesat për atë funksion kanë ndryshuar. Këto lloj problemesh mund të shmangen duke përdorur praktikat më të mira të menaxhimit të kërkesave.

Menaxhimi i kërkesave mund të tingëllojë si një disiplinë komplekse, por në fund ai përmblidhet në një koncept tepër të thjeshtë: *"A e kuptojnë të gjithë atë që ne jemi duke ndërtuar dhe pse po e ndërtojmë?"* Shpesh shkaku kryesor i dështimit të projektit është keqkuptimi ose moskuptimi i fushëveprimit dhe objektit të projektit nga të gjithë pjesëmarrësit, që nga analistët e biznesit, menaxherët e prodhimit, drejtuesit e projektit e deri te zhvilluesit, menaxherët e sigurimit të cilësisë dhe testuesit, së bashku me palët e interesuara dhe klientët e përfshirë në projekt.

Kur të gjithë bashkëpunojnë dhe kanë një kontekst të plotë dhe pamje të qartë të diskutimeve, të vendimeve dhe të ndryshimeve që lidhen me kërkesat gjatë gjithë ciklit të jetës së projektit, atëhere projektet do të kenë vazhdimisht sukses dhe ju do të ruani vazhdimisht cilësinë e punës.

SHTATË KËSHILLA THELBËSORE PËR TË PATUR SUKSES ME MENAXHIMIN E KËRKESAVE

RRUGA PËR NDËRTIMIN E PROGRAMEVE INFORMATIKE TË SHKËLQYERA KALON NËPËRMJET MENAXHIMIT TË KËRKESAVE

Qëllimi ynë në këtë kapitull është t'ju ofrojmë shtatë këshilla thelbësore për t'ju ndihmuar të jeni më të suksesshëm në menaxhimin e kërkesve. Për disa nga ju këto këshilla mund të jenë të reja. Për të tjerët këto këshilla do të shërbejnë si një kujtesë e mirë e parimeve thelbësore të cilat lehtësisht anashkalohen gjatë vrullit të punës së një projekti.

Është e lehtë për t'u harruar, por bota e sotme mbështetet në programe informatike të ndërtuara shkëlqyeshëm. Programet informatike kontrollojnë makinën që ne ngasim, avionët me të cilët fluturojmë, telefonat celularë pa të cilët ne tashmë nuk mund të jetojmë si dhe mjetet që ne i përdorim çdo ditë për të kryer punët tona. Programet informatike janë kudo.

Si profesionist i informatikës ju e dini shumë mirë se zhvillimi i programeve informatike nuk është i lehtë. Një program nuk mbaron kurrë së përfunduari. Ka gjithmonë një mundësi për të përmirësuar funksionalitetet e tij dhe sfidat nuk mungojnë asnjëherë gjatë gjithë proçesit të zhvillimit të programit.

Ja disa nga sfidat me të cilat ndeshen menaxherët dhe zhvilluesit e projekteve informatike:

1. Ka shumë persona të përfshirë në proçes;
2. Klientët e kanë të vështirë të shprehin nevojat e tyre reale;

3. Kërkesat ndryshojnë vazhdimisht;
4. Ekipet janë të shpërndara në zona të ndryshme gjeografike;
5. Ka presion në rritje për lëshimin më të shpejtë të versioneve të produktit;
6. Kompleksiteti i programeve dyfishohet çdo 2-3 vjet;
7. Më shumë projekte dështojnë se sa kanë sukses.

Nëse ju po ndërtoni një produkt që gjeneron të ardhura ose një sistem të brendshëm informatik, suksesi i përgjithshëm i kompanisë tuaj në masë të madhe mbështetet në suksesin e ekipit tuaj të softuerit. Dhe rruga për të ndërtuar softuerë të mirë kalon përmes menaxhimit të kërkesave. Organizatat që përqafojnë këtë koncept gëzojnë edhe rezultate të mëdha. Ato përjetojnë më pak gabime dhe irritime, cikle më të shpejta planifikimi dhe zhvillimi dhe janë në gjendje t'i ofrojnë klientëve të tyre produkte të një cilësie më të lartë.

Qëndroni të lidhur dhe do mënjanoni shumicën e problemeve

Vëmendje e madhe i kushtohet vazhdimisht përqindjes së lartë të dështimit të projekteve të ndërtimit të programeve informatike dhe jo pa arsye. Projektet informatike kapin vlera prej miliarda dollarësh si dhe norma dështimi që shkojnë nga 60-80%.

Por ajo për të cilën nuk dëgjojmë të flitet shumë është shkaku kryesor i këtyre dështimeve.

Po të pyesni profesionistët e fushës në lidhje me sfidat kryesore më të cilat ata përballen për të shmangur dështimin e projektit, ata të gjithë do ju përgjigjen së sfida kryesore është një - *Komunikimi*. Nëse ju mund të komunikoni, të lidheni dhe të qëndroni të lidhur gjatë gjithë proçesit të zhvillimit të projektit, atëhere ju do të mund të eliminoni shumicën dërrmuese të problemeve.

BASHKËPUNIM	Mbajtja e gjithë ekipit tuaj të lidhur përgjatë gjithë proçesit të zhvillimit
GJURMUESHMËRI	Mbajtja e kërkesave, objekteve si dhe informacioneve të tjera të ngjashme të lidhura me njëra-tjetrën

Ka dy aspekte në të qëndruarit të lidhur. *Së pari*, është *lidhshmëria* e ekipit tuaj, e cila është popullarizuar kohët të fundit me fjalën *"bashkëpunim"*. Analistët, menaxherët e projekteve, zhvilluesit, testuesit, menaxherët e prodhimit, drejtuesit ekzekutivë, palët e interesuara dhe klientët - a janë të gjithë në të njëjtën linjë përsa i përket asaj që ju po ndërtoni? T'i mbash të gjithë të lidhur është shpesh më e lehtë të thuhet sesa të bëhet, por është absolutisht kritike për suksesin e projektit tuaj. Në varësi të madhësisë dhe vendndodhjes së ekipit tuaj, ju mund ta bëni këtë nëpërmjet takimeve dhe mbledhjeve, telefonatave dhe dokumenteve ose mund të përdorni një mjet i cili do ju ndihmojë të mbani ekipin tuaj të lidhur. Kjo varet nga situata juaj dhe nga kompleksiteti i asaj që po ndërtoni.

Së dyti është *gjurmueshmëria* - akti i lidhjes së kërkesave me objekte të tilla si rastet e përdorimit, rastet e testimit, detyrat, defektet e madje edhe dokumentacionin e përdoruesit - d.m.th. të gjitha detajet që lidhen me njëra-tjetrën brenda një projekti. Kur kemi të bëjmë më projekte komplekse zhvillimi, atëhere mund të kemi lehtësisht qindra apo mijëra objekte të përfshira në projekt dhe është kritike që të vendosim marrëdhënie gjurmueshmërie midis këtyre objekteve, në të dyja kahet e rrjedhës së projektit. Për shembull, kur një kërkesë e biznesit e nivelit të lartë ndryshon 30 ditë pas fillimit të një projekti, me anë të marrëdhënieve të gjurmimit ju mund të vlerësoni menjëherë ndikimin që ajo ka mbi çdo kërkesë funksionale në drejtim të rrymës, mbi detyrat dhe defektet që një zhvillues ose testues mund të jetë duke punuar. Kjo ndihmon për të minimizuar gabimet dhe ripunimet e kushtueshme sepse anëtarët e ekipit të prekur nga ky ndryshim janë në dijeni të ndryshimit dhe të ndikimit që ai do të ketë .

Të zbatosh gjurmueshmërinë dhe një proçes kontrolli të ndryshimeve që të jetë i përshtatshëm për situatën tuaj është një nga hapat më të rëndësishme për të arritur suksesin. Si një hap të parë të thjeshtë në vendosjen e kontrollit të ndryshimeve, ju mund të përdorni një formular manual kërkese për ndryshim (të punuar në Word ose Excel) në mënyrë që të dokumentoni ndryshimet sa më herët në ciklin e një projekti.

 ## VEPRONI TANI, MOS PRISNI QË PROÇESI JUAJ TË JETË "I PËRSOSUR"

Është e lehtë të bini viktimë e "proçesit perfekt" - një situatë ku ekipet paralizohen nga proçesi dhe analiza kundrejt krijimit dhe dorëzimit të një programi në gjendje pune. Sa herë keni dëgjuar dikë të thotë: *"E pra, ne do të merremi me atë projekt sapo të perfeksionojmë proçesin tonë?"* A është ndonjë proçes i përkryer? Dhe më e rëndësishmja, a duhet të jetë me të vërtetë ky qëllimi thelbësor i ekipit tuaj?

Nëse ekipi juaj është duke përdorur ose jo metodologjinë Agile, ka diçka që mund të shkëpusim nga parimet e kësaj metodologjie - kjo diçka është që njësia matëse kryesore e përparimit të projektit është softueri funksional i cili punon ashtu siç duhet. Që të mos keqkuptohemi, optimizimi i proçesit tuaj është i rëndësishëm, shumë i rëndësishëm. Ne vazhdimisht e përmirësojmë proçesin tonë. Megjithatë nëse në fund keni një proçes më të mirë dhe nuk keni prodhuar asnjë produkt, nuk do të keni ende asgjë për t'i treguar klientëve tuaj të cilët presin produktin. Klientët nuk do të jenë të kënaqur. Klienti nuk do t'ja dijë për proçeset tuaja. Klientit i intereson vetëm produkti përfundimtar funksional.

Të bësh diçka është më mirë se të mos bësh asgjë. Filloni me hapa të vogla duke identifikuar disa kërkesa kritike dhe ndërmerrni teknikën e përmirësimit të vazhdueshëm, ku ju ndërtoni, reflektoni, përsosni dhe përsëritni. Pastaj me çdo cikël lëshimi të programit do të mësoni më shumë për nevojat e klientëve tuaj dhe vazhdimisht do të përmirësoni zgjidhjen softuerike që po i ofroni atyre.

Nëse ju dyshoni se ekipi juaj po vuan nga sindroma e *"proçesit perfekt"*, atëhere vëzhgoni nëse ekipi juaj shfaq këto simptoma:

1. Faza e përcaktimit dhe përkufizimit të kërkesave duket sikur zvarritet pa fund;
2. Në muajin e fundit shpenzohet më shumë kohë duke folur për proçesin ndërkohë që gjendja e produktit mbetet e njëjtë;
3. Mungesa e një vendimmarrësi për të vendosur dhe njoftuar kur duhet ecur përpara me zhvillimin e programit.

3   PËRDORNI BURIMET EKZISTUESE

Edhe pse çdo kompani, projekt dhe ekip janë unikë, burimet e nevojshme për t'ju ndihmuar që të jeni të suksesshëm në shumicën e rasteve tashmë ekzistojnë. Brenda pak minutave ju mund të bëni një kërkim në Google dhe do të gjeni mjaft informacion mbi praktikat më të mira.

4   ELIMINONI DYKUPTIMËSITË DUKE SHKRUAR KËRKESA TË MIRA

Për të shmangur dykuptimësitë, një nga gjërat që mund të bëni menjëherë është të krijoni një listë fjalësh *"Mos i Përdorni"* dhe vendoseni atë diku në muret e zyrës. Lajmërimet dhe kujtuesit pamorë do ju ndihmojnë të shmangni përdorimin e termave të paqarta gjatë proçesit të shkrimit të kërkesave.

Ja disa prej termave të paqarta që duhen *shmangur* gjatë specifikimet të kërkesave:

SHPEJT	Specifikoni shpejtësinë minimale të pranueshme me të cilën sistemi kryen disa veprime.
ELASTIKE	Përshkruani mënyrat me anë të të cilave sistemi duhet të ndryshojë në përgjigje të ndryshimit të kushteve apo nevojave të biznesit.
TË PRANUESHME	Përcaktoni çfarë përbën pranueshmëri dhe sesi sistemi mund ta gjykojë nëse një kërkesë është e pranueshme ose jo.
E THJESHTË, E LEHTË	Përshkruani karakteristikat e sistemit të cilat do të realizojnë nevojat e konsumatorit si dhe pritshmërinë e klientit për përdorshmërinë.
NUK DUHET	Përpiquni të formuloni kërkesat si pozitive duke përshkruar çfarë do të bëjë sistemi, në vend që të përshkruani atë që sistemi nuk do të bëjë.
E FUQISHME	Përcaktoni sesi sistemi do të trajtojë përjashtimet dhe sesi ai do t'i përgjigjet kushteve të papritura operative.

5   RILIDHUNI ME KLIENTËT TUAJ

Nuk është e thënë që të jeni një ekspert për të kapur zërin dhe kërkesat e klientëve tuaj - thjesht duhet pak përkushtim për ta bërë këtë. Kjo mund të tingëllojë e qartë në teori, por është shumë kollaj të harroni nevojat e klientit ndërkohë që projekti fillon të zhvillohet dhe ekipi fillon punën për të ndërtuar zgjidhjen.

Kapja e zërit të klientit nuk është një përpjekje që kryhet vetëm një herë. Shumica e ekipeve bëjnë një grumbullim të plotë të kërkesave në fillim të një projekti, por rrallë ruhet ndërveprimi me klientin deri në fund të projektit. Praktikat e suksesshme të menaxhimit të kërkesave përfshijnë komunikim të vazhdueshëm me klientët. Përndryshe ju rrezikoni të bini në grackën e dorëzimit të një produkti i cili refuzohet nga përdoruesit sepse nuk përkon me mënyrën që ata presin ta përdorin atë. Nxjerrja dhe kapja e reagimeve dhe kërkesave të klientit është padyshim një lloj arti dhe disa njerëz janë më të aftë se të tjerët në këtë lloj arti.

Nuk është e nevojshme të jeni një ekspert i menaxhimit të kërkesave për të kapur zërin e klientëve tuaj. Aftësia themelore e nevojshme në këtë proçes është angazhimi. Angazhohuni që të ngrini telefonin çdo javë dhe të flisni me klientët tuaj. Angazhohuni që të dilni nga zyra dhe të uleni me klientët në mjediset e tyre. Këto janë gjëra që gjithësecili nga ne mund të bëjë, dhe duhet të bëjë. Nuk është gjithmonë e mundur që të keni klientin të pranishëm në ambjentet tuaja, kështu që duhet të angazhoheni për të marrë mendimet dhe reagimet e klientit me mënyra të tjera.

 ## SHMANGNI NDËRTIMIN E NJË PRODUKTI PËR TË CILIN KLIENTËT NUK KANË NEVOJË

Koha e zhvillimi të softuerit është e vlefshme. Nuk ka gjë më irrituese për të gjithë sesa të humbin kohë duke ndërtuar karakteristika që klientët nuk i përdorin dhe të cilat nuk i kthejnë ndonjë vlerë kompanisë tuaj. Këtu klasifikimi i kërkesave dhe vendosja e prioriteteve të kërkesave është thelbësor. Ju duhet të shmangni kurthet e zakonshme të krijimit të karakteristikave që bëjnë figurë ose që dikush hamendësoi që mund t'i duhen klientit. Shumë shpesh vendosja e prioriteteve të kërkesave ndodh në mënyrë subjektive. Ekipi organizon një takim, debaton mbi kërkesat dhe fiton ai që e ka zërin më të lartë.

Pas marrjes së çdo kërkese për karakteristika të reja ose kërkese të nivelit të lartë, bëni këto pyetje për të përcaktuar nëse ajo që po kërkohet është një funksion i domosdoshëm apo një funksion që do ishte mirë sikur të ishte në produkt:

1. Sa përqind e klientëve tanë do të përfitojnë prej saj?
2. A i përshtatet kjo vlerave tona të markës?
3. Çfarë lëmë pas dore nëse i japim prioritet kësaj kërkese përpara kërkesave të tjera?

Është një praktikë e mirë që të krijohet një model objektiv i prioriteteve i cili të vlerësojë ndryshoret që kanë më shumë rëndësi dhe kundrejt të cilave të vlerësohet çdo kërkesë e nivelit të lartë. Në këtë mënyrë, duke pasur një model të aprovuar për vlerësimin e kërkesave, është më e lehtë për të marrë konsensusin mbi kërkesat me prioritet më të lartë tek të cilat ekipi duhet objektivisht të përqëndrohet.

7   MINIMIZONI SHPENZIMET E PANEVOJSHME OPERATIVE DUKE ZGJEDHUR MJETET E DUHURA

Kur jeni një ekip i vogël i cili punon në të njëjtën zyrë duke zhvilluar një produkt mjaft të drejtëpërdrejtë, ju mund të përdorni një tabelë të bardhë, skeda dhe takime të përditshme ballë për ballë për të menaxhuar kërkesat. Blerja dhe përdorimi i një mjeti informatik të specializuar në këtë rast mund të krijojë kosto të panevojshme. Po kështu nëse ekipi juaj është duke ndërtuar një produkt ku të gjithë kanë rënë dakord që në fillim mbi kërkesat dhe ato nuk do të ndryshojnë shumë gjatë gjithë rrjedhës së zhvillimit të projektit, atëherë dokumentet dhe takimet periodike për statusin e projektit mund të funskionojnë mjaft mirë.

Ndërkohë që projektet rriten në kompleksitet dhe ekipet rriten në madhësi, po kështu rriten edhe sfidat e komunikimit si dhe kostot e përpjekjeve për të mbajtur të gjithë dhe çdo gjë të sinkronizuar.

Pikërisht në këto lloj skenaresh një mjet informatik i menaxhimit të kërkesave mund të shtojë vlerë sepse kosto e përdorimit të një mjeti të tillë është shumë më e ulët sesa kosto e gjurmimit të ndryshimeve në mënyrë manuale, kosto e menaxhimit të marrëdhënieve të gjurmëve, kosto e rifreskimit të dokumentave dhe e komunikimit të vazhdueshëm me të gjithë pjesëtarët e ekipit.

KAPITULLI 6

VLERA E KËRKESAVE MË TË MIRA PËR BIZNESIN

Përfitimet nga kërkesat e mira

Jo çdo menaxher është i bindur se ekipi i tij ose i saj ka nevojë për të bërë një punë më të mirë për zhvillimin dhe menaxhimin e kërkesave, ose që një investim i tillë do të japë fryte. Megjithatë studime të shumta tregojnë se çështjet e kërkesave janë një nga shkaqet kryesore që krijojnë ankth tek menaxherët e projekteve.

Raportet tregojnë se *tre* nga kontribuesit kryesorë në dështimin e projekteve ose në krijimin e vështirësive dhe sfidave të projekteve janë:

1. Mungesa e të dhënave dhe sugjerimeve nga përdoruesit;
2. Kërkesat dhe specifikimet e pakompletuara e të paplota;
3. Ndryshimet e kërkesave dhe specifikimeve.

Një organizatë mund të arrijë ta shtojë vlerën e biznesit nëse investon në zhvillimin e kërkesave më të mira për projektet e saj.

ARGUMENTET EKONOMIKE PËR KËRKESA MË TË MIRA

Rasti për zbatimin e praktikave më të mira për menaxhimin e kërkesave është pikësëpari një argument ekonomik dhe biznesi e jo një qëndrim filozofik apo teknik. Mendoni për një moment sesi ndikohet dhe preket thelbi i kompanisë tuaj nga problemet që lidhen me kërkesat. Pastaj përdorni këtë kuptim të ri për të justifikuar investimet në praktika për kërkesa më të mira të cilat do jua rikthejnë vlerën e investimit në një periudhë afatgjatë.

Studime të shumta kanë shqyrtuar efektet e gabimeve që kryhen me menaxhimin e kërkesave në projektet softuerike. Këto studime vazhdimisht kanë gjetur se gati gjysma e defekteve të produkteve e kanë origjinën tek gabimet e bëra me kërkesat e projektit. Rezultati tipik i gabimeve me kërkesat e një projekti është krijimi i një hendeku në pritshmërinë e rezultateve të projektit, një dallim në mes asaj që zhvilluesit po ndërtojnë dhe asaj që klientët kanë me të vërtetë nevojë.

Arsyeja kryesore se përse gabimet në kërkesat e projektit janë kaq të dëmshme është se ato e detyrojnë ekipin e zhvillimit të kryejë ripunime të shumta për të korrigjuar gabimet e bëra. Kostoja e korrigjimit të një gabimi në softuer rritet në mënyrë dramatike sa më vonë që ai të zbulohet, siç tregohet në tabelën e mëposhtëme. Një gabim, një mospërfshirje ose keqkuptim në kërkesa i detyron zhvilluesit ta ribëjnë sërish të gjithë punën që ata tashmë kanë kryer të bazuar në kërkesa të pasakta. Për këtë arsye, çdo teknikë që mund të zvogëlojë defektet në kërkesa dhe të parandalojë diçka nga gabimet fillestare në nxjerrjen e tyre, është me të vërtetë një investim shumë i mirë.

Një analizë e kthimit potencial të investimit për kërkesat më të mira sugjeron se gabimet në kërkesa mund të konsumojnë rreth 70-85%

të të gjitha shpenzimeve të ripunimeve të projektit.

Faza e Ciklit Jetësor të Projektit kur Zbulohet Gabimi	Kosto Relative Për Ta Korrigjuar
Zhvillimi i kërkesave të projektit	1 herë
Planifikimi / Kompozimi i produktit	2-3 herë
Ndërtimi i produktit	5-10 herë
Testimi ose Pranimi i produktit	8-20 herë
Përdorimi ose Funksionimi i produktit	68-110 herë

Tabela 1: Kosto relative për të korrigjuar një gabim në kërkesat e projektit

ÇFARË PËRFITIMESH DO JU SJELLIN KËRKESAT MË TË MIRA TË PROJEKTIT?

Përveç shmangies të disa prej pasojave negative të përshkruara më lart, kërkesat më të mira për ndërtimin e softuerit ofrojnë përfitime të shumta. Këto përfshijnë përzgjedhjen e projekteve të duhura për të financuar, lehtësimin e vlerësimit të projekteve, mundësojnë vendosjen e prioriteteve racionale, zhvillimin e kompozimeve të një cilësie më të lartë si dhe testimin në mënyrë më efikase.

 **1** PËRZGJEDHJA E PROJEKTEVE PËR FINANCIM

Nxjerrja e kërkesave të mira që në fillim të ciklit të projektit i mundëson menaxherëve ekzekutivë të marrin vendime efektive për biznesin në momentet kur organizatat vendosin se cilin projekt të financojnë nga një sërë projektesh të mundshme. Kërkesat më të mira lejojnë projeksione më të sakta të kthimit të investimeve të biznesit. Pasi një projekt financohet, kërkesat më të mira i lejojnë menaxherët e projekteve të ndajnë në mënyrë më racionale detyrat midis ekipeve të tyre e madje edhe midis vetë anëtarëve të secilit ekip.

 ## 2 Lehtësimi i vlerësimeve

Kërkesat e kuptuara mirë mund ta ndihmojnë ekipin tuaj të vlerësojë përpjekjet dhe burimet e nevojshme për të ekzekutuar një projekt. Vlerësimi i besueshëm kërkon një lidhje reciproke historike ndërmjet madhësisë së kërkesave dhe përpjekjes për zhvillimin e projektit.

 ## 3 Mundësimi i vendosjes së prioriteteve

Kërkesat e dokumentuara i mundësojnë ekipit të caktojë prioritete për punën që mbetet për t'u kryer. Shumica e projekteve duhet të bëjnë kompromise për të siguruar që do të zbatojnë funksionalitetet më kritike. Një bazë me kërkesa të organizuara si priorite ndihmon ekipin të përfshijë ato lloj ndryshimesh të cilat do të japin vlerën maksimale për klientin. Një studim zbuloi që, në një projekt mesatar, vetëm 54% nga karakteristikat e përcaktuara fillimisht dorëzohen në përfundim të projektit. Nëse ju nuk mund të zhvilloni të gjitha funksionet e kërkuara, sigurohuni që ekipi të zhvillojë dhe të zbatojë pjesën thelbësore të tyre.

 ## 4 Zhvillimi i kompozimit dhe skicës së Projektit

Kërkesat janë baza e kompozimit dhe e skicës së projektit. Kërkesat e kuptuara mirë dhe të komunikuara mirë i ndihmojnë zhvilluesit të krijojnë zgjidhjen më të përshtatshme për problemin e shtruar për zgjidhje. Kërkesat me cilësi të lartë sigurojnë gjithashtu që ekipi i zhvillimit është duke punuar me problemin e duhur. Shumë zhvillues kanë përjetuar zhgënjimin e zbatimit të një funksionaliteti që një klient ju betua se e kishin të nevojshëm, vetëm për të zbuluar më vonë se askush nuk e përdorte kurrë atë.

Një studim tregoi se 45% e karakteristikave të softuereve të prodhuara dhe të dorëzuara tek klienti nuk ishin përdorur asnjëherë. Sa më pak kohë të humbet për të zhvilluar funksionalitetet e gabuara ose të pasakta, aq më shumë përshpejtohet projekti dhe aq më shumë maksimizohet kthimi i vlerës së investimit për biznesin.

 ## 5   TESTIMI ME EFEKTIVITET

Kërkesat e përcaktuara mirë dhe të testueshme i lejojnë testuesit të zhvillojnë proçedura të sakta testimi për të verifikuar funksionalitetet e produktit. Përcaktimi i prioriteteve të kërkesave i tregon testuesve se ku ata duhet të përqëndrohen fillimisht. Vlerësimi i vështirësive dhe rrezikut të kërkesave i ndihmon testuesit të njohin se cilat funksionalitete duhen shqyrtuar më me kujdes dhe më nga afër.

 ## 6   NDJEKJA E STATUSIT TË PROJEKTIT

Gjurmimi i një grupimi të plotë kërkesash gjithëpërfshirëse i ndihmon palët e interesuara të dijnë kur një projekt vërtet ka përfunduar. Një punë quhet e plotësuar kur të gjitha kërkesat e caktuara për të ose janë verifikuar si të zbatuara në mënyrë korrekte në produkt ose janë fshirë nga baza e projektit. Kërkesat e përcaktuara të biznesit gjithashtu i lejojnë palët e interesuara që të përcaktojnë nëse projekti i ka përmbushur objektivat e tij.

7   Përshpejtimi i zhvillimit të projektit

Duke investuar më shumë përpjekje në zhvillimin e kërkesave ju mund të përshpejtoni mjaft zhvillimin e softuerit. Kjo tingëllon si kundërintuitive, por është e vërtetë. Përcaktimi i kërkesave të biznesit të cilat nuk janë gjë tjetër veçse rezultatet e pritshme të biznesit që produkti do të sigurojë, vendos në një linjë palët e interesuara me vizionin e përbashkët, synimet dhe pritshmëritë. Përfshirja efektive e përdoruesve në përcaktimin e kërkesave zvogëlon mundësinë që përdoruesit të refuzojnë sistemin e ri pas dorëzimit të tij.

Kërkesat e përcaktuara saktë bëjnë të mundur që funksionet e ndërtuara do t'i mundësojnë përdoruesit të kryejë detyrat e tij të rëndësishme të biznesit. Kërkesat gjithashtu përcaktojnë cilësinë e pritshmërive të arritshme. Kjo e lejon ekipin të zbatojë si kapacitetet ashtu dhe karakteristikat e produktit - kërkesat jofunksionale - të cilat do ta bëjnë përdoruesin të lumtur.

Përveç kësaj, vënia e theksit tek zhvillimi i kërkesave të mira që në fillimet e projektit ka më pak kosto sesa po të mbështeteni në testimet beta për të gjetur probleme të mundshme me kërkesat. Rregullimi i problemeve në atë pikë të zhvillimit të produktit është shumë më i kushtueshëm sesa korrigjimi i tyre në fazat e hershme të projektit.

Kthimi i investimit nga kërkesat më të mira

Menaxherët shpesh duan të dinë se çfarë Kthimi nga Investimi (KII) mund të presin nga paratë që shpenzojnë për trajnim dhe për përmirësimin e proçeseve e mjeteve për nxjerrjen dhe administrimin e kërkesave. Ashtu si me shumë pyetje të tjera në fushën e softuerit, përgjigja e saktë është *"Kjo varet"*. Megjithatë ne mund të shqyrtojmë disa nga faktorët që kontribuojnë në përcaktimin se çfarë Kthimi nga Investimi mund të presi një organizatë nga nxjerrja dhe menaxhimi i kërkesave më të mira të një projekti.

A. INVESTIMI

Nëse doni të përcaktoni kthimin nga investimi nga çdo aktivitet, ju duhet të gjurmoni si atë që keni investuar në kryerjen e aktivitetit ashtu dhe kostot e përfitimeve, afatet e përshpejtuara, rritjen e shitjeve si dhe çdo rezultat tjetër që ju përfituat nga secili aktivitet. Për fat të keq pak kompani të cilat ndërtojnë softuere e mbledhin këtë lloj të dhënash. Nuk është e vështirë për të gjurmuar paratë dhe kohën që organizata juaj shpenzon për zhvillimin e kërkesave të përmirësuara. Matja e përfitimit financiar është pak më e ndërlikuar. Në vijim po ju paraqesim disa nga veprimet që mund të ndërmerrni për të përmirësuar proçeset e kërkesave tuaja dhe në këtë mënyrë edhe vetë kërkesat e produktit. Gjurmoni atë që keni shpenzuar për këto aktivitete në mënyrë që të përcaktoni investimin tuaj.

B. VLERËSIMI I PRAKTIKAVE AKTUALE

Të gjitha përmirësimet e proçeseve duhet të fillojnë me një lloj vlerësimi. Ju duhet të mësoni sesi ekipet tuaja po i trajtojnë problemet që atyre i dalin aktualisht me kërkesat dhe nëse këto qasje aktuale japin ose jo rezultatet e dëshiruara.

C. ZHVILLIMI I PROÇESEVE TË REJA

Pasi të keni identifikuar praktikat specifike të kërkesave të cilave ju ka ardhur koha për përmirësim, ekipet tuaja duhet të krijojnë proçeset që do të funksionojnë më mirë për këto përmirësime. Kjo mund të përfshijë krijimin dhe shkrimin e proçeseve krejtësisht të reja, modifikimin e proçeseve aktuale si dhe zgjedhjen e dokumentave dhe formularëve për kërkesat kryesore që duhet të realizoni e të dorëzoni.

D. TRAJNIMI I EKIPIT

Nuk është e arsyeshme të presim që anëtarët e ekipit të punojnë në mënyra të reja në qoftë se atyre nuk ju është mësuar si të ekzekutojnë praktikat e reja. Të gjithë analistët e biznesit si dhe të gjithë ata të cilët duhet të merren me kërkesat duhet të marrin disa trajnime bazë në konceptet dhe praktikat e krijimit dhe administrimit të kërkesave. Anëtarët e ekipit gjithashtu duhet të udhëzohen në përdorimin efektiv të vetë proçeseve si dhe të dokumenteve e formularëve që përdoren.

E. PUNËSIMI I KONSULENTËVE TË JASHTËM

Disa kompani që ndërtojnë softuere i ndjekin vetë qasjet ndaj përmirësimit të kërkesave. Disa të tjera preferojnë të ndihmohen nga konsulentë me përvojë të cilët kanë punuar me një shumëllojshmëri kompanish. Konsulentët kushtojnë, por ata mund të ndihmojnë anëtarët e ekipit për të zgjidhur problemet shumë më shpejt nga sa ata mund t'i zgjidhin vetë.

F. BLERJA E MJETEVE PËR MENAXHIMIN E KËRKESAVE

Dokumentat me kërkesat e shkruara kanë kufizime të shumta. Ndërkohë që aktivitetet e administrimit të kërkesave bëhen më të sofistikuara, ju mund të vendosni të ruani kërkesat në një bazë të dhënash në vend të mbajtjes së dokumentave tradicionale të shkruara. Për këtë qëllim keni në dispozicion pothuajse tre duzina mjetesh informatike për menaxhimin e kërkesave. Këto mjete e bëjnë shumë më të lehtë për ju që të ruani vetitë të cilat ofrojnë një kuptim të pasur të secilës kërkesë, të ndiqni statusin e kërkesave, të administroni ndryshimet dhe të regjistroni e ruani informacionin e gjurmueshmërisë së kërkesave.

Natyrisht investimi më i madh që ju mund të bëni në zhvillimin e kërkesave është koha të cilën anëtarët e ekipit tuaj shpenzojnë për nxjerrjen, analizën, dokumentimin, vlerësimin dhe menaxhimin e kërkesave për produktet e tyre.

G. Kthimi i Investimit

Unë nuk mund të parashikoj se çfarë kthimi do të merrni nga investimi që keni bërë për të zhvilluar kërkesa më të mira për projektin. Ka shumë ndryshore, shumica e të cilave varen nga ecuria e vetë ekipeve tuaja të punës. Megjithatë unë mund t'ju ndihmoj të analizoni se çfarë kthimi nga investimi mund të përfitojë organizata juaj. Kthimi nga investimi që ju mund të prisni të merrni varet nga çmimi që projektet tuaja janë aktualisht duke paguar për mangësitë dhe dobësitë në nxjerrjen dhe analizën e kërkesave. Nëse ekipet tuaja të punës janë të detyruara të kryejnë ripunime të rëndësishme të projektit për shkak të neglizhimeve ose pasaktësive me kërkesat, kosto e projektit tuaj do të rritet shumë. Ju do të merrni një kthim më të mirë nga investimi në qoftë se problemet me kërkesat do të përmirësohen dhe do të reduktohen në thjesht ngatërresa të vogla.

Përpara se të kridhemi në proçesin e përmirësimit të kërkesave, le të marrim parasysh pyetjet e mëposhtme:

✓ Cila pjesë e përpjekjeve të zhvillimit të projektit po shpenzohet në ripunime?
Pak organizata që zhvillojnë softuere mund t'i përgjigjen

késaj pyetje. Ata që e kanë matur këtë aspekt kanë gjetur se ripunimet mund të konsumojnë nga 30 deri në 50% të të gjitha përpjekjeve të shpenzuara në një projekt zhvillimi të softuerit. Disa ripunime janë gjithnjë të pashmangshme dhe e shtojnë vlerën e projektit, por ripunime të gjera ose të shumta rrisin kostot dhe prodhojnë vetëm humbje.

✓ Sa i kushton organizatës tuaj një defekt tipik i raportuar nga klienti? Po një defekt në testimin e sistemit?

Çdo organizatë duhet ta njohë këtë parametër, por shumë pak organizata e kanë matur atë. Normalisht kostoja mesatare për të zbuluar një defekt nëpërmjet proçeseve të inspektimit është 200 USD.

✓ Cilat pjesë të defekteve të raportuara nga përdoruesi dhe cilat pjesë të defekteve të zbuluara përmes testimit të sistemit e kanë origjinën nga gabimet në kërkesat?

Analiza e shkakut thelbësor të defektit është një teknikë e shkëlqyer për të përcaktuar ku qëndron thelbi i përmirësimit të cilësisë.

✓ Sa shumë korrigjime mirëmbajtjeje dhe përmirësime të paplanifikuara mund t'i atribuohen kërkesave të munguara ose llojeve të tjera të defekteve në kërkesa?

✓ Sa mendoni ju se mund të shkurtoni afatet e dorëzimit të produktit nëse ekipet tuaja të punës mund të zvogëlojnë defektet në kërkesa p.sh. me 50%?

Qëllimi i përmirësimit të proçeseve të zhvillimit të softuerit është që të përmirësojë parametrat e biznesit tuaj duke ulur kostot e ndërtimit dhe mirëmbajtjes së softuerit. Përvetësimi dhe aplikimi i praktikave që rezultojnë në më pak defekte të kërkesave do të zvogëlojë sasinë e ripunimeve të zhvillimit që ekipet tuaja do jenë të detyruar të kryejnë. Kryerja e më pak ripunimeve ka një shpagim financiar të drejtpërdrejtë sepse redukton kostot e zhvillimit të produktit dhe përshpejton kohën e lëshimit të produktit në treg ose kohën e përfundimit të projektit.

Zhvillimi i kërkesave më të mira gjithashtu ul kostot e mirëmbajtjes dhe të mbështetjes së produktit pas dorëzimit të tij. Shumë produkte duhet të modifikohen menjëherë pasi lëshohen në treg, atëhere kur konsumatorët dhe përdoruesit e kuptojnë se disa funksionalitete kritike mungojnë ose janë të gabuara.

Përveç këtyre përfitimeve të dukshme praktike, përmirësimi i kërkesave çon drejtpërdrejt në rezultate më pak të prekshme por që janë të vlefshme dhe të vështirë për t'u matur. Duke patur më pak komunikime të këqija në një projekt, zvogëlohet niveli i përgjithshëm i kaosit. Më pak kaos ul sasinë e orëve të punës jashtë orarit, shpesh të papaguara, rrit moralin e ekipit, shmang largimet e punonjësve nga organizata dhe përmirëson shanset e ekipit për përfundimin në kohë të projektit. Dhe gjithë këto të mira që përshkruam këtu kanë potencialin për të çuar në një kënaqësi më të madhe të klientëve ndaj produktit dhe organizatës tuaj. Çfarë vlere ka kjo e fundit për ju?

ELIMINONI PESË SFIDAT KRYESORE ME TË CILAT NDESHEN ANALISTËT E BIZNESIT

Çdo vit kompleksiteti i projekteve rritet. Një dokument mesatar me kërkesat e një projekti është mbi 100 faqe dhe ndryshon 20 herë gjatë proçesit të zhvillimit. Kjo nënkupton që ju si Analist Biznesi apo Menaxher Projekti ka të ngjarë që të jeni duke shpenzuar orë të tëra duke zhvendosur, redaktuar dhe gjurmuar ndryshimet në një dokument të stërmadh plot me kërkesa për projektin, me shpresën që ekipi juaj vërtet do angazhohet për ta lexuar atë dokument. Të paktën kështu shpresoni, apo jo?

Problemi nuk është dokumenti i kërkesave në vetvete. Problemi qëndron në përdorimin e dokumentit si vendi për të menaxhuar kërkesat. Nëse shpresoni se do të vendosni pritshmëritë, se do të komunikoni detajet e projektit dhe se do të ndiqni ndryshimet nëpër të gjithë proçesin duke përdorur dokumentet, ju urojmë fat sepse për të do të keni nevojë.

Atëhere çfarë duhet të bëjmë? E pra unë mund t'ju them vetëm një gjë. Ne nuk mund të vazhdojmë t'i bëjmë gjërat gjithnjë në të njëjtën mënyrë dhe të presim rezultate të ndryshme. Si përgjegjës që jemi për të siguruar që të gjithë po e kuptojnë atë që jemi duke ndërtuar dhe pse po e ndërtojmë (d.m.th. kërkesat), ne duhet të përparojmë në mënyrën se si punojmë. Na duhet të përqafojmë teknika dhe mjete të reja për të gjetur një mënyrë më të mirë për të komunikuar kërkesat dhe për të dhënë zgjidhje të drejta, ndërkohë që duhet ta bëjmë proçesin sa më të kënaqshëm që të jetë e mundur.

Nuk ka një mënyrë standarde apo një zgjidhje magjike që t'i përshtatet të gjitha projekteve. Ekzekutimi dhe plotësimi me sukses i një projekti nuk është aq i thjeshtë dhe i lehtë.

Sfidat dhe parimet e mëposhtëme mbështeten në një mënyrë të re e më bashkëpunuese të punës e cila fokusohet më shumë tek njerëzit dhe tek komunikimi i suksesshëm mes tyre sesa tek dokumentat. Unë besoj se menaxhimi i kërkesave nuk do të thotë menaxhim i dokumentave por mbajtja e ekipit në sinkron me objektin dhe objektivat e projektit si edhe me ekzekutimin e ndërtimit të asaj që është e drejtë dhe e saktë.

1 KËRKESAT E MINUTËS SË FUNDIT

Një drejtues ekzekutiv vjen tek ju në minutën e fundit me komente dhe sugjerime të cilat do ju ishin dashur të paktën tre javë më parë.

A është ky një ndryshim që duhet bërë patjetër apo një ndryshim që do ishte mirë sikur ta bëjmë? A duhet të shtyni afatet e projektit? A reagoni duke thënë, *"Faleminderit, por ne do ta bëjmë këtë ndryshim gjatë ciklit të ardhshëm të zhvillimit të softuerit?"*

 Këshillë: Jini të hapur

Ofrojini drejtuesve menaxhues një shikueshmëri dhe pamje më të mirë të projektit si dhe informacione të vazhdueshme për të adresuar çështjet përpara se të jetë shumë vonë. Për të qenë i sinqertë, unë kam qenë në të dy anët e këtij lloj frustrimi dhe është një pozicion mjaft i pakëndshëm.

Realiteti është se menaxherët janë të zënë me një milion çështje të ndryshme dhe praktika tregon se ata do të përqëndrohen fillimisht në ato çështje që janë më urgjente. Gjithashtu menaxherëve dhe aktorëve të tjerë në një projekt i vijnë nganjëherë ide të reja vetëm pasi kanë parë prototipet e produkteve të realizuara. Vetëm në atë moment ata e kuptojnë se çfarë është specifikuar në kërkesat e dokumentit fillestar një muaj më parë dhe që tashmë nuk duket si zgjidhja më e mirë e mundshme.

Për të parandaluar kërkesat e minutës së fundit duhet të jeni transparentë dhe të hapur ndaj sugjerimeve gjatë të gjitha fazave të projektit dhe të kryeni aktivitete të shpeshta për shkëmbime mendimesh në mënyrë që të merrni sugjerime sa më herët që të jetë e mundur. Nëse ekipi juaj dhe stafi ekzekutiv punojnë në të njëjtën ndërtesë, atëherë do të jetë më e lehtë që t'i mblidhni të gjithë bashkë dhe të merrni mendime, komente e sugjerime.

Vendosni një tabele të bardhë në një vend të dukshëm të zyrës dhe aty ndani informacionet dhe skicat më të fundit me gjithë pjesëtarët e tjerë në projekt. Çdo ditë ata do t'i kalojnë pranë tabelës dhe do të kenë një mundësi më shumë për të reaguar ndaj asaj që shohin. Shumica e njerëzve i përgjigjen më mirë ngacmimeve dhe informacioneve pamore për të kuptuar eksperiencën e përdoruesit sesa fjalëve të shkruara.

Nëse keni një ekip të shpërndarë gjeografikisht në disa vende, siç është e zakonshme në ditët e sotme, atëherë do ju ndihmonte shumë një mjet i specializuar i cili do ju ofronte të gjithëve një pikë qëndrore për të dhënë sugjerime dhe komente në kohë reale mbi kërkesat, skicat dhe planet e projektit. Pavarësisht se ku ata janë duke punuar fizikisht, të gjithë do të shohin në kohë reale se çfarë po ndodh ndërkohë që projekti zhvillohet dhe ju do të jeni në gjendje të keni një pamje të përgjithshme të zhvillimi të projektit dhe të shmangni menjëherë ndonjë mosmarrveshje, vonesë të projektit apo mungesë komunikimi që mund të ndodhë.

 ## 2   RIPUNIMI I VENDIMEVE

Organizimi i mbledhjeve pafund ku gjysma e kohës konsumohet duke rishikuar vendimet e mëparshme ose duke informuar të tjerët mbi statusin e projektit

Duhet ta pranojmë se ky është burim i madh irritimi për të gjithë ne. Ne nuk na pëlqejnë mbledhjet. Por në veçanti nuk na pëlqejnë mbledhjet që monopolizohen nga ripunimi i vendimeve tashmë të marra. *"Pse vendosëm ta ndryshojmë funksionin e kësaj karakteristike?", "Kur e miratuam këtë?", "Kolegu ishte jashtë javën* e *kaluar. A mund t'i rikthehemi planit në mënyrë që edhe ai të dijë çfarë kemi biseduar dhe vendosur më parë?".* E dhimbshme, joefikase dhe irrituese për të gjithë!

 Këshillë: Jini të qartë

Vendosni në dispozicion kontekstin e plotë të vendimeve që po merren duke i bërë kështu të gjithë të kuptojnë objektin dhe qëllimin e projektit dhe pse po merren këto vendime. Njerëzit kanë nevojë për qartësi dhe arsyetim në mënyrë që të ekzekutojnë detyrat duke dhënë më të mirën e tyre. Ekzistojnë edhe mjete të reja informatike që ndihmojnë bashkëpunimin dhe që do ju ndihmojnë të kapni debatet e shëndetshme dhe diskutimet e vazhdueshme të cilat zhvillohen natyrshëm kur bëhet fjalë për kërkesat.

Këto mjete nuk kërkojnë mbajtjen e mbledhjeve të vazhdueshme. Njerëzit mund të japin sugjerimet e tyre të reja në çdo kohë dhe gjithashtu të shohin se çfarë po sugjerojnë të tjerët. Në këtë mënyrë ata mund të jenë dakord ose jo, të miratojnë, të refuzojnë ose të propozojnë redaktime si dhe të përsosin zgjidhje.

Gjithashtu vendimet që merren gjatë mbledhjeve nuk janë të lehta për t'u gjurmuar nëpër dokumente ndërkohë që kujtesa e njerëzve zbehet me kalimin e kohës. Sa herë keni dalë nga një takim më një ndjesi për të bërë gjëra të mëdha e duke menduar se të gjithë pjesëmarrësit gjithashu janë në të njëjtën linjë me ju, vetëm për t'u gjetur disa javë më vonë duke debatuar me veten tuaj se çfarë vendosi ekipi në atë mbledhje? Në qoftë se kjo është një problem në organizatën tuaj, atëhere duhet të adoptoni dhe të miratoni një teknikë të re për të kapur vendimet në një linjë dhe në përputhje me kërkesat, duke i bërë ato të lehta për t'u qasur dhe konsultuar nga ekipi në çdo kohë. Kjo do të eliminojë dykuptimësitë dhe do të siguroje që vendimet për këtë projekt janë shumë të qarta për të gjithë aktorët e projektit.

3 TAKSA E NDRYSHIMEVE

Dërgimi manual i përditësimeve më të reja sa herë që ka ndryshime do ju marrë një të tretën e ditës së punës.

 Këshillë: Jini "Agile"

Përqafoni ndryshimet në mënyrë inteligjente duke lidhur pikat njëra me tjetrën, duke vlerësuar me shpejtësi ndikimet dhe duke komunikuar ndryshimet automatikisht tek personat e duhur të përfshirë në projekt. Ne nuk mund të flasim për kërkesat pa folur për ndryshimet. Dhe nuk mund të flasim për ndryshimet pa folur përreth të qënit "Agile".

Arsyeja kryesore për të përvetësuar dhe përdorur metodologjinë Agile në organizatën tuaj është që të krijoni një kulturë e cila është e mençur dhe e mprehtë në mënyrë që ekipi juaj të mund të përgjigjet shpejt dhe në mënyrë efektive ndaj ndryshimit të kërkesave. Në këtë mënyrë do të përsërisni proçeset ndërkohë që ecni përpara.

Mos humbni kohë nëpër debate se cila metodologji është më superiore. Nuk ka asnjë proçes përcaktues i cili t'i përshtatet të gjitha llojeve të situatave. Nuk ka asnjë proçes magjik. Të jesh Agile para së gjithash është një gjendje mendore dhe mendësi kulturore, nuk është një proçes normativ i zhvillimit të një projekti.

Ajo që ju duhet të arrini është që e gjithë organizata juaj duhet të ndihet e autorizuar për të propozuar një ndryshim në qoftë se ata kanë gjetur një zgjidhje më të mirë. Nëse ju vini nga një qasje më tradicionale metodologjie si p.sh. ajo Waterfall, sfida juaj për të adoptuar metodologjinë Agile është të shmangni lëvizjet dhe spostimet nga një ekstrem në tjetrin.

Ekziston një mit sipas të cilit metodologjia Agile do të thotë të mos kesh një plan dhe thjesht të fillosh të ndërtosh. Ekipet inteligjente që përdorin metodologjinë Agile ruajnë kërkesat e praktikave më të mira të marra hua nga metodologjitë më tradicionale të tilla si gjurmueshmërinë, analizën e ndikimit dhe menaxhimin e ndryshimeve, në mënyrë që ato mund të kuptojnë efektet e rrathëve koncentrikë që një ndryshim ka mbi pjesën tjetër të projektit. Ky është një akt balancues mes të qënit Agile dhe kontrollit formal. Disa e quajnë këtë një qasje hibride.

 Të jesh Agile para së gjithash është një gjendje mendore dhe mendësi kulturore, nuk është një proçes normativ i zhvillimit të një projekti.

Mendoj se etiketat dhe emërtimet nuk kanë shumë rëndësi. Çështja kryesore është të gjejni atë kombinim teknikash që funksionon më mirë për ekipin tuaj kështu që ju mund t'i ekzekutoni projektet pa fërkime dhe konflikte. Kjo është ajo që ka më shumë rëndësi.

 **4   MUNGESA E VËMENDJES**

Mos krijoni një plan të detajuar 150-faqesh që askush nuk ka kohë për të lexuar qoftë edhe vetëm një herë, e jo më çdo herë që ndodh një ndryshim.

Ju ja dolët. Sapo përfunduat përpjekjen tuaj një mujore duke nxjerrë sugjerime dhe ide nga 50 grupet e interesit dhe sapo shkruat dokumentin më të mirë me kërkesa që keni shkruar ndonjëherë. Dokumenti është me të vërtetë shumë profesional dhe shumë i bukur. Dakort, gëzojuni këtij momenti për rreth 30 sekonda, sepse shumë shpejt ndjenja e gëzimit do të zëvendësohet me frikën nëse dikush do të lexojë ndonjëherë këtë dokument.

Me rritjen e kompleksitetit të projektit, si do ta artikuloni qartë cili është plani i punës pa shtuar informacione në dokument duke krijuar kështu një dokument përbindësh? Është e vështirë apo jo? Problemi mund të mos jetë te gjatësia e dokumentit me gjithë specifikimet e plota. Problemi qëndron në faktin se ju po përpiqeni t'ja komunikoni planin të gjithë aktorëve të projektit duke përdorur këtë dokument. Në të vërtetë pjesa më e madhe e personave punojnë vetëm me pjesë të veçanta të planit në çdo moment të dhënë në kohë dhe interesohen e kujdesen vetëm për pjesën e tyre të planit.

Kur një objekt ndryshon dhe ju shpërndani një version të ri të të gjithë dokumentit të kërkesave për të pasqyruar vetëm ndryshimin e një objekti, atëhere kjo është një mbingarkesë informacioni. Ne nuk mund të presim që njerëzit të kërkojnë dhe të gjurmojnë atë që ka ndryshuar në një dokument 150-faqesh dhe të përcakojnë çdo herë nëse ndryshimi është i rëndësishëm për ta apo jo. Kjo metodë e vjetër pune është tepër joefikase dhe joproduktive.

 Këshillë: Jini relevant

Adoptoni filozofinë realiste sipas së cilës gjithësecili është thjesht shumë i zënë për të thithur dhe bërë për vete gjithë dokumentin. Sepse në fakt ata janë shumë të zënë. Për të shmangur irritimin nga mungesa e vëmendjes kolektive të ekipit dhe e të gjithë organizatës, çelësi është relevanca.

Kjo është një fushë ku ka mjete të cilat mund t'ju ndihmojnë të zbërtheni projekte të mëdha e komplekse në pjesë të vogla të menaxhueshme, dhe lerini njerëzit të filtrojnë vetë atë që është e më e rëndësishme për ta. Ne ju rekomandojmë që të menaxhoni qëllimin e projektit objekt pas objekti, në mënyrë që të kryeni punën ashtu siç duhet.

 Nëse nuk jeni të qartë se çfarë kuptojmë me termin "objekt", një Kërkesë e projektit p.sh. është një objekt, një Rast Përdorimi është një objekt, një Rast Testimi është një objekt dhe një Defekt është gjithashtu një objekt.

Njerëzit natyrisht punojnë me një listë objektesh në çdo moment të caktuar. Kjo është mënyra se si funksionon truri ynë dhe ne jemi më produktivë në këtë mënyrë. Duke e shpërbërë fushën dhe qëllimin e projekteve tuaja në objekte nëpërmjet përdorimit të një mjeti informatik me një bazë të dhënash relacionale, anëtarët e ekipit do të përqëndrohen në objektet e veçanta me të cilat ata janë duke punuar, duke ruajtur kontekstin e përgjithshëm të projektit. Pastaj në bazë të nevojave ju mund të gruponi së bashku objekte dhe të krijoni një përmbledhëse të projektit nëpërmjet raporteve ose një dokument specifikimit për një pamje gjithëpërfshirëse të tij.

 **5** MOSPËRPUTHJET NË PRITSHMËRI

Një nga palët e interesuara në projekt mendon se është duke marrë këtë apo atë produkt me këto apo ato karakterisitika, ndërsa në të vërtetë është duke marrë diçka krejt të ndryshme. Ju dhe ekipi që drejtoni keni vënë gjithë energjitë tuaja në zhvillimin e një projekti dhe më pas mësoni se përdoruesit nuk janë të kënaqur me produktin. Çfarë ka ndodhur? Si e humbët objektivin? Pse ka një hendek mes pritshmërive të rezultateve të projektit dhe produktit që dorëzuat?

 Këshillë: Jini proaktivë

Njerëzit kanë kujtesë përzgjedhëse. Ne mbajmë mend atë çfarë ne duam të dëgjojmë. Ajo që palët e interesuara në projekt e harrojnë janë kërkesat shtesë që ata vetë shtojnë gjatë rrugës, ose ndryshimet e përparësive në karakteristika që ndodhin bashkë me zhvillimin e objektivave dhe qëllimeve të projektit me kalimin e kohës. Kështu *A* bëhet *A +1*, *B* bëhet *B +2* dhe shumë shpejt *C* hiqet nga projekti dhe prioritet janë zhvendosur tek *D dhe E*, por jo të gjithë janë të qartë për atë që është humbur dhe atë që është fituar me ndryshimin e përparësive sepse vendimi është marrë me telefon gjatë një telefonatë të vonë me klientin.

Qëllimi ishte i drejtë dhe ekipi ishte Agile, por ajo që mungonte ishte kapja e komunikimit me palët e interesuara që dokumentojnë kërkesat, marrëveshjet dhe miratimet.

Herën tjetër merrni pjesë aktive në ndryshimet e prioriteteve dhe kapni justifikimet e asaj që është brenda projektit dhe të asaj që është jashtë tij për t'u siguruar që të gjithë kanë të njëjtat pritshmëri. Në ditët e sotme ka mjete të reja që ofrojnë aftësinë për të kapur komentet, rishikimet, miratimet dhe nënshkrimet elektronike për ndryshimet që ndodhin në objektin dhe qëllimet e projekteve.

Në këtë mënyrë të gjithë do mund të ndihen të sigurt se ata e dinë planin e vërtetë të punës dhe ekipi mund të ndjehet mirë që do të dorëzojë atë çfarë është premtuar.

KAPITULLI 7

SHKRUANI KËRKESA ME CILËSI TË LARTË

Shkrimi i kërkesave është i vështirë! Nuk ka një qasje të thjeshtë ose të përcaktuar për specifikimet e softuerit. Kërkesat me cilësi të lartë fillojnë me gramatikën e duhur, drejtshkrim të saktë, fjali të ndërtuara mirë dhe një organizim logjik.

Unë "do ta" quaj këtë një kërkesë

Unë nuk jam një tifoz i rregullave arbitrare rreth kërkesave të të shkruarit. Ndërkohë që ju zhvilloni specifikimet e kërkesave, mos harroni objektivin tuaj kyç: komunikim të qartë dhe efektiv në mes të palëve të interesuara të projektit.

"Do ta" është fjala kyçe tradicionale për të identifikuar një kërkesë funksionale. Kërkesat funksionale përshkruajnë sjelljet që sistemi duhet të shfaqë në rrethana të caktuara apo veprime të caktuara që sistemi do t'i lejojë përdoruesve që të ndërmarrin. Disa e

kundërshtojnë përdorimin e *"do të"* sepse ky përdorim ndjehet pak i ngrirë. Kjo nuk është mënyra e zakonishme se si njerëzit flasin. E vërtetë, por çfarë duhet bërë atëhere? Në fakt kjo është një plus. Duke përdorur një fjalë dalluese ne ndajmë në mënyrë të dukshme një kërkesë nga informacione të tjera në një dokument specifikimesh. *"Do ta"* shërben si një simbol që sinjalizon praninë e një kërkese të veçantë e të dallueshme.

Shumë nga specifikimet e kërkesave përdorin një përzierje rastësore të foljeve të ndryshme: *do të, duhet, duhet të, mund të, do të ishte, është e rekomandueshme, është e dëshirueshme, kërkohet, mundem, mund të ishte,* etj. Shumë nga këto fjalë përdoren në mënyrë të këmbyeshme në biseda të përditshme, por kjo mund të bëhet e ngatërrueshme në specifikime të shkruara. A ka një dallim të hollë por të rëndësishëm ndërmjet këtyre fjalëve kyçe të ndryshme?

Disa organizata ndjekin një marrëveshje që unë e kam gjetur të rrezikshme. Në këtë skemë, *"do të"* tregon një funksion që është i nevojshëm, *"duhet të"* nënkupton se funksioni është i dëshiruar, dhe *"mund"* tregon se funksioni i cili përshkruhet është fakultativ.

Kjo ngre dy probleme. *Së pari*, këtu po kombinohen dy koncepte: deklarimi i funksionalitetit të synuar dhe prioriteti relativ i atij funksionaliteti. *Së dyti*, informacioni parësor është duke u komunikuar nëpërmjet përdorimit të fjalëve që kanë kuptime të ngjashme në bisedat e përditshme.

Preferenca ime është që të përdorim fjalën *"do të - do ta"* për të identifikuar kërkesat funksionale, kur është e mundur. Shmangni fjalët e tjera të ngjashme të cilat nuk e bëjnë të qartë nëse deklarata është një kërkesë ose jo.

Qëllimi i komunikimit të qartë dhe të kuptimshëm bëhet edhe më i pakapshëm kur ata që shkruajnë kërkesat përdorin një përzierje të foljeve të cilat janë pothuajse sinonime dhe presin që të gjithë lexuesit të arrijnë në të njëjtat përfundime me atë që ata janë duke u përpjekur të thonë.

PERSPEKTIVA E SISTEMIT APO PERSPEKTIVA E PËRDORUESIT?

Ekzistojnë marrëveshje dhe rregulla të ndryshme për të shkruar kërkesat funksionale. Disa ekspertë besojnë se kërkesat duhet të përshkruajnë vetëm sjelljen e sistemit, sepse "sistemi" është ai që ne krijojmë duke zbatuar të gjitha kërkesat funksionale. Megjithatë unë mendoj se është e përshtatshme të shkruajmë kërkesa funksionale nga të dyja këndvështrimet, si nga perspektiva e sistemit ashtu edhe nga perspektiva e përdoruesit. Përdorni cilëndo strukturë që ju ofron komunikim më të qartë në një situatë të caktuar.

Kur shkruani kërkesa funksionale duke i parë nga *perspektiva e sistemit* duhet të mbani parasysh strukturën e përgjithshme të mëposhtme:

Kushtet:	"Kur [disa kushte janë të vërteta]..."
Rezultati:	"... sistemi do të (duhet të) [kryejë diçka]"
Kualifikuesi:	"... [Qëllimi i kohës së përgjigjes ose objektivit të cilësisë]."

Një pjesë e "Kushteve" të kërkesës mund të pasqyrojnë një ngjarje e cila bën që sistemi të përgjigjet në një farë mënyre.

Në disa raste ka më shumë kuptim që të përshkruajmë veprimet që sistemi do të lejojë përdoruesin të ndërmarrë në rrethana të veçanta. Kur shkruani kërkesa funksionale duke i parë nga *perspektiva e përdoruesit*, duhet të mbani parasysh strukturën e përgjithshme të mëposhtme:

Lloji i përdoruesit:	"[klasa e përdoruesit ose emri i aktorit] ..."
Lloji i rezultatit:	"... do të mund të [bëjmë diçka] ..."
Objekti:	"... [për diçka].
Kualifikuesi:	"... [Qëllimi i kohës së përgjigjes ose objektivit të cilësisë]."

Është më kuptimplotë që t'i referohemi klasës së përdoruesit të interesuar me emër dhe jo vetëm duke thënë thjesht përdoruesi.

Kërkesat "Prindër" dhe kërkesat "Bija"

Kur shkruani kërkesat në mënyrë hierarkike, si rregull duhet të shkruani një kërkesë "prind" dhe një ose më shumë kërkesa "bija". Kërkesa "prind" plotësohet me implementimin e të gjithë "bijëve" të saj. Ja një shembull i një kërkese hierarkike me disa probleme:

2.1 Kërkuesi do të vendosë në sistem një numër ngarkese për çdo lloj minerali të porositur.

2.1.1 Sistemi do të vlerësojë numrat e ngarkesave kundrejt listës kryesore të numrave të ngarkesave të kompanisë. Nëse numri i ngarkesës është i pavlefshëm, sistemi do të njoftojë përdoruesin dhe nuk do të pranojë porosinë.

2.1.2 Numri i ngarkesës i vendosur në sistem do t'i zbatohet një porosie të tërë dhe jo zërave individuale të porosisë.

Vini re se si kjo kërkesë "prind" është shkruar në formën e një kërkese funksionale. Nuk është krejtësisht e qartë se sa kërkesa janë të përfaqësuara këtu, dy apo tre? Gjithashtu vini re se ka një konflikt midis kërkesës "prind" dhe njërës prej kërkesave të saj "bija" dhe pikërisht kërkesës 2.1.2. Nëse çdo mineral i porositur përbën një rresht më vete në një dokument porosie, saktësisht sa numra ngarkese duhet të vendosë përdoruesi?

Këto lloj problemesh zhduken nëse kërkesa "prind" shkruhet në formën e një kreu apo titulli në vend që të shkruhet në formën e një kërkese funksionale. Konsideroni përdorimin e këtij stili sa herë që ju keni një sërë kërkesash "bija" të cilat së bashku, përbëjnë një kërkesë "prind".

Në vijim është versioni i përmirësuar i shembullit paraprak:

4.1 Numrat e Ngarkesave

> *4.1.1 Kërkuesi do të vendosë një numër ngarkese për çdo lloj minerali në një porosi.*

> *4.1.2 Sistemi do të vlerësojë numrat e ngarkesave kundrejt listës kryesore të numrave të ngarkesave të kompanisë. Nëse numri ngarkuar nuk gjendet në këtë listë, sistemi do të njoftojë përdoruesin dhe nuk do të pranojë porosinë.*

MA THONI EDHE NJËHERË ÇFARË ISHTE AJO?

Paqartësia dhe dykumptimësia janë "gogoli i madh" i kërkesave të softuerit. Dykumptimësia shfaqet në dy forma. Njërën formë unë mund të kap vetë. Unë lexoj një kërkesë dhe kuptoj që mund ta interpretoj atë në më shumë se një mënyrë. Unë nuk e di se cili interpretim është ai i saktë, por të paktën unë e kapa paqartësinë dhe dykumptimësinë.

Lloji tjetër i dykumptimësisë është shumë më i vështirë për t'u dalluar. Supozoni për një moment që Analisti i Biznesit i jep disa reçensuesve specifikimet e kërkesave. Reçensuesit ndeshen me një kërkesë të paqartë që ka kuptim për secilin prej tyre, por nënkupton diçka krejt të ndryshme për secilin prej tyre. Të gjithë reçensuesit raportojnë se *"Këto kërkesa janë të mira".* Ata nuk e gjetën paqartësinë dhe dykumptimësinë sepse çdo reçensues njeh vetëm interpretimin që ai/ajo vetë i ka bërë kësaj kërkese. Le të shohim disa prej burimeve të dykumptimësisë për të parë edhe disa sugjerime se si të shkruajmë kërkesa më të qarta.

A. LOGJIKA KOMPLEKSE

Një logjikë komplekse e Bulit ofron shumë mundësi për paqartësi, dykumptimësi dhe kërkesa të munguara.

B. KËRKESAT NEGATIVE

Kërkesat negative (ose inverse) janë një burim tjetër pështjellimi. Mundohuni t'i rimodeloni kërkesat negative duke i dhënë atyre një kuptim pozitiv për të deklaruar se çfarë sistemi do të bëjë në rrethana të caktuara. Tabela 2 tregon disa kërkesa funksionale që përmbajnë mohim, si dhe disa mënyra të mundshme për t'i rishkruar ato në një kah pozitiv. Vini re se ndryshimi i një kërkese negative në një kërkesë pozitive shpesh kërkon përdorimin e fjalës "vetëm" për të identifikuar kushtet që lejojnë veprimin e sistemit që të ndodhë.

PËRPARA	PAS
Të gjithë përdoruesit me tre ose më shumë llogari nuk duhet të migrohen.	Sistemi do të migrojë *vetëm* përdoruesit që kanë më pak se tre llogari.
Proçesi i regjistrimit do të vendoset në formën e parazgjedhur të Anglishtes Ndërkombëtare dhe nuk do të paraqesë një përvojë të lokalizuar derisa vendi dhe gjuha të jenë zgjedhur.	Proçesi i regjistrimit do të vendoset në formën e parazgjedhur të Anglishtes Ndërkombëtare. Pasi përdoruesi zgjedh vendin dhe gjuhën, proçesi i regjistrimit do të paraqesë një përvojë të lokalizuar.

Një emër domaini nuk mund të transferohet tek një tjetër regjistrues gjatë periudhës së maturimit të regjistrimit.	Administratori i domainit mund të transferojë një emër domaini tek një tjetër regjistrues *vetëm* pas periudhës së maturimit të regjistrimit.
Administratori i PC nuk do të ketë mundësinë për të ndryshuar përdoruesin web.	*Vetëm* administratori i sistemit duhet të jetë në gjendje të ndryshojë përdoruesin web.

Tabela 2: Heqja e formës negative nga Kërkesat Funksionale

Shmangni format negative të dyfishta dhe të trefishta në të gjitha rrethanat. Mohueset e shumta mund të çojnë në kërkesa të paqarta.

C. Përjashtimet

Kur kërkesave i mungojnë pjesë të rëndësishme të informacionit, është e vështirë për lexuesit që t'i interpretojnë ato në të njëjtën mënyrë, përveç rasteve kur ata bëjnë ekzaktësisht të njëjtat supozime. Për shembull, një kërkesë funksionale mund të përshkruajë një sjellje të sistemit pa e identifikuar shkakun që e çon sistemin në atë sjellje. Një tjetër gabim që ndodh shpesh përfshin përshkrimet e munguara se si duhet të trajtohen përjashtimet e mundshme nga sistemi. Një tjetër lloj i paplotësisë ndodh kur kërkesat përshkruajnë sjelljet e sistemit të cilat përfshijnë disa lloje simetrie.

D. Kufijtë e vlerave

Vlerat kufitare në vargjet numerike ofrojnë mundësi shtesë për krijimin e paqartësive. Ato janë gjithashtu vende ku duhet të kontrolloni për kërkesa të munguara. Supozoni se jeni duke zhvilluar një program për një sistem pikë-shitje dhe ju duhet të përfshini një rregull të biznesit i cili thotë, *"Vetëm mbikëqyrësit e sistemit mund të lëshojnë rimbursime në të holla me vlerë më të madhe se 5,000 Lek."* Një analist mund të nxjerrë disa kërkesa funksionale nga ky rregull i biznesit, si p.sh.:

1. Nëse shuma e rimbursimit në para është më pak se 5,000 Lek, sistemi do të hapë sirtarin e arkës.

2. Nëse shuma e rimbursimit në para është më shumë se 5,000 Lek dhe përdoruesi është një supervizor, sistemi do të hapë sirtarin e arkës. Nëse përdoruesi nuk është një supervizor, sistemi do të shfaqë një mesazh i cili thotë: *"Njoftoni një mbikëqyrës për këtë transaksion".*

Por çfarë ndodh nëse shuma e rimbursimit të parave në arkë është saktësisht 5,000 Lek? A është ky një rasti i tretë i papërcaktuar? Apo është një nga dy rastet e përshkruara tashmë? Nëse po, cili prej tyre? Paqartësi të tilla e detyrojnë zhvilluesin që ose të hamendësoje zgjidhjen më të mirë, ose të kërkojë dikë i cili mund t'i përgjigjet përfundimisht kësaj pyetje. Ky është një shembull i një Analisti Biznesi i cili gjeneron një paqëndrueshmëri ndërmjet një informacioni të nivelit të lartë - rregullit të biznesit - dhe kërkesave funksionale që rrjedhin prej këtij rregulli. Ju mund t'i zgjidhni paqartësitë e vlerave kufi në një nga këto dy mënyra. Kërkesa e mëparshme # 1 mund të rishkruhet si: *"Në qoftë se shuma e rimbursimit në para është më pak se ose e barabartë me 5,000 Lek, sistemi do të hapë sirtarin e arkës".* Kjo ruan qëllimin origjinal të rregullit të biznesit dhe eliminon paqartësinë.

Përndryshe, ju mund të përdorni fjalët përfshirëse dhe përjashtuese për të treguar në mënyrë të qartë nëse pikat fundore të një intervali numrash janë konsideruar që qëndrojnë brenda intervalit ose jashtë intervalit.

Për ta ilustruar me një shembull tjetër, ju mund të shkruani një kërkesë të tillë: *"Sistemi llogarit një zbritje 20% për porositë nga 6 deri në 10 njësi, përfshirë"*. Ky formulim e bën krejtësisht të qartë se të dy pikat fundore të intervalit, 6 dhe 10, shtrihen brenda intervalit i cili është subjekt i zbritjes së çmimit 20%. Megjithatë ju duhet gjithashtu të shqyrtoni një sërë kërkesash të ngjashme për t'u siguruar që pikat fundore të intervalit nuk mbivendosen.

Për shembull, vini re mospërputhjen mes këtyre dy kërkesave të mëposhtme:

1. Sistemi do të llogarisë një zbritje prej 20% për porositë nga 6 deri në *10* njësi, përfshirë.

2. Sistemi do të llogarisë një zbritje prej 30% për porositë nga *10* deri në 20 njësi, përfshirë.

Këtu vlera kufitare 10 është përfshirë gabimisht në të dy kërkesat. Përdorimi i një tabele është një mënyrë më konçize për të treguar këtë lloj informacioni dhe i bën këto lloj gabimesh më të dukshme:

NJËSITË E BLERA	PËRQINDJA E ZBRITJES
1-5	0
6-10	20
11-20	30
21+	40

E. Sinonimet

Sa herë që lexoj një dokument që përdor fjalë dhe terma shumë pak të ndryshme nga njëra-tjetra për t'ju referuar të njëjtit objekt, unë duhet t'i kontrolloj ato patjetër me dikë për të verifikuar nëse ato janë me të vërtetë terma sinonime. Vendosini përkufizime të tilla në një fjalor të përbashkët në mënyrë që anëtarët e ekipit mund t'i përdorin ato në mënyrë të vazhdueshme gjatë gjithë projektit dhe ndoshta edhe nëpër projekte të ndryshme.

F. Përemrat

Përemrat gjithashtu mund të jenë një burim çoroditje në një specifikim kërkesash. Në qoftë se ju përdorni fjalë të tilla si *"ky"*, *"kjo"* apo *"ai"*, në mendjen e lexuesit nuk duhet të ketë çoroditje se kujt ose çfarë po i referoheni.

G. Shkurtesat "d.m.th." dhe "p.sh."

Një tjetër rrezik paqartësie përfshin përdorimin e shkurtesave që disa lexues mund të keqinterpretojnë. Një pikë e përbashkët e çoroditjes është përdorimi i *"d.m.th."* kundrejt *"p.sh.".* Këto dy shkurtesa ngatërrohen aq shpesh në përdorim saqë unë nuk i besoj përdorimit të tyre në një specifikim të kërkesave veçse nëse jam i bindur që autori e kupton ndryshimin.

Në një shembull, përdorimi i *"d.m.th."* tregon se një listë përmban të gjitha pjesët e proçesit që kërkojnë një mënyrë për aktivizimin manual. Megjithatë, në qoftë se autori kishte për qëllim që këto të ishin vetëm shembuj, ai duhet të kishte përdorur *"p.sh."* në vend të *"d.mth.".* Në këtë mënyrë lexuesi do ta kuptojë se shumë më tepër aktivizime të tilla manuale mund të jenë të nevojshme. Për fat të keq lexuesi nuk do të krijojë ndonjë ide sesa më tepër aktivizime mund të jenë të nevojshme për këtë kërkesë.

Është thelbësore ta bëjmë të qartë nëse po paraqesim një listë të plotë të objekteve ose vetëm një grup ilustrues të tyre. Unë sugjeroj që të shkruajmë në mënyrë të qartë fjalët *"për shembull"* në vend të *"p.sh."* në mënyrë që çdo lexues të kuptojë atë që duam të themi.

H. FJALË QË TINGËLLOJNË TË NJËJTA

Shkruesit nganjëherë shkruajnë një fjalë por nënkuptojnë një tjetër. Në kontekste të tilla secili nga interpretimet është potencialisht i saktë, kështu që është e domosdoshme për autorin që të zgjedhë me kujdes fjalën e duhur. Kini kujdes ndaj këtyre llojeve të zakonshme gabimesh të cilat nganjëherë lindin nga keq shqiptimet në të folur. Mbani pranë një fjalor në mënyrë që ju mund të jeni i sigurt se cila fjalë duhet përdorur në secilin rast.

Si përfundim, ju nuk do të mësoni se si të shkruani kërkesa të mira duke lexuar një libër mbi inxhinierinë e kërkesave të softuerit ose një libër mbi mënyrën teknike të të shkruarit. Ju duhet praktikë. Shkruajini kërkesat në mënyrën më të mirë që dini, bazuar në aftësitë tuaja, dhe pastaj angazhoni disa nga kolegët tuaj për t'i lexuar e shqyrtuar ato. Reagimet dhe komentet konstruktive nga lexuesit mund t'ju ndihmojnë të bëheni shkrues edhe më të mirë. Në fakt, ato janë thelbësore. Cilësia e kërkesave duket tek reagimi i lexuesit të kërkesave, jo tek autori i tyre. Nuk ka rëndësi nëse autori mendon se ka shkruar kërkesa shumë të mira. Gjyqtarët përfundimtarë të cilësisë së kërkesave janë ata që duhet të bazojnë punën e tyre mbi këto kërkesa.

PËRFITIMET NGA MJETET E MENAXHIMIT TË KËRKESAVE

Pjesa më e madhe e ekipeve të projekteve i krijojnë dhe i shkruajnë specifikimet e kërkesave softuerike në dokument teksti (Word) në gjuhën natyrore në mënyrë të tillë që teksti të përmbajë kërkesat e tyre funksionale e jofunksionale, kërkesat e biznesit, përshkrimet e rasteve të përdorimit dhe të tjera.

Një qasje e bazuar në mbajtjen dhe ruajtjen e kërkesave në dokumenta teksti ka kufizime të shumta, duke përfshirë kufizimet e mëposhtëme:

1. Është e vështirë për t'i mbajtur dokumentet të aktualizuara dhe të sinkronizuara;
2. Komunikimi i ndryshimeve të mundshme në dokumenta dhe kërkesa tek të gjithë anëtarët e ekipit është një proçes manual;
3. Nuk është e lehtë për të mbajtur informacione shtesë (p.sh. veti) për çdo kërkesë;
4. Është e vështirë të përcaktosh lidhjet midis kërkesave funksionale dhe elementeve të tjera të sistemit;
5. Gjurmimi i statusit të kërkesave është i pavolitshëm dhe i vështirë;
6. Menaxhimi njëkohësisht i grupeve të kërkesave që janë planifikuar për versione të produktit ose të produkteve të përafërta është i vështirë;
7. Ripërdorimi i një kërkese nënkupton që analisti i biznesit duhet të kopjojë tekstin nga specifikimet origjinale në specifikimet e kërkesave për çdo sistem ose produkt tjetër ku kjo kërkesë duhet të përdoret;
8. Është e vështirë për ata anëtarë të ekipit të cilët punojnë në më shumë se një projekt që të modifikojnë kërkesat në mënyrë të sigurtë, veçanërisht në qoftë se pjesëmarrësit në projekt janë të ndarë gjeografikisht;
9. Nuk ka vend të përshtatshëm për të ruajtur kërkesat e propozuara të cilat janë kundërshtuar dhe refuzuar në fazën fillestare si dhe kërkesat që janë fshirë nga baza e projektit.

Një mjet softuerik komercial për menaxhimin e kërkesave i cili ruan informacionin në një bazë të dhënash shumë-përdoruesish, ofron një zgjidhje të fuqishme përkundrejt kufizimeve të mësipërme. Produkte të tilla i japin mundësi përdoruesit të importojë kërkesat nga dokumente burimore, të përcaktojë vlerat e vetive të tyre, të filtrojë dhe të shfaqë përmbajtjen e bazës së të dhënave, të eksportojë kërkesat në formate të ndryshme, të përcaktojë lidhjet e gjurmueshmërisë dhe të lidhë kërkesat me objektet e depozituara në mjete të tjera të zhvillimit të softuerit.

Sot në treg ka shumë se tre duzina mjetesh të tilla. Ato shkojnë nga aplikacione Web me struktura të thjeshta për ruajtjen kërkesave të informacionit deri tek aplikacione Web të fuqishme shumë-përdoruesish me funksionalitete mjaft të pasura të cilat mund të administrojnë projekte jashtëzakonisht të mëdha. Unë nuk do të mundohem që të përshkruaj këtu karakteristikat e këtyre mjeteve apo t'ju jap rekomandime të veçanta. Përshkrimet dhe informacioni krahasuese për shumë nga këto mjete mund të gjendet lehtësisht online.

Një këshillë! Shmangni tundimin për të zhvilluar mjetin tuaj të menaxhimit të kërkesave ose të mblidhni së bashku mjete të automatizimit të zyrës të cilat kanë karakter të përgjithshëm dhe të përpiqeni të imitoni produktet komerciale. Kjo fillimisht do ju duket një zgjidhje e lehtë dhe e volitshme, por ajo shumë shpejt mund të çorodisë dhe të ngatërrojë një ekip që nuk ka burime për të ndërtuar mjetin që dëshiron.

Këto produkte janë mjete për *menaxhimin e kërkesave* dhe jo mjete për *zhvillimin e kërkesave*. Këto mjete në fakt nuk do t'ju ndihmojnë për të identifikuar përdoruesit tuaj të ardhshëm ose për të nxjerrë kërkesat e duhura për projektin tuaj. Kërkesat do t'i nxirrni vetë ju nëpërmjet proçeseve të përcaktuara të nxjerrjes së kërkesave. Këto mjete gjithashtu nuk mund të zëvendësojnë një proçes të përcaktuar të cilin e ndjekin anëtarët e ekipit tuaj për të nxjerrë dhe menaxhuar kërkesat e projektit. Mjetet softuerike do ju ofrojnë shumë fleksibilitet në menaxhimin e ndryshimeve të këtyre kërkesave dhe në përdorimin e kërkesave si bazë për projektimin, testimin, dhe menaxhimin e projektit. Përdorni një nga këto mjete atëhere kur ta keni krijuar një qasje e cila funksionon por që kërkon efikasitet më të madh; mos prisni që një mjet të kompensojë mungesën e proçesit, disiplinës, përvojës ose të kuptuarit.

Shumë nga këto mjete janë të kushtueshme. Megjithatë kostoja e lartë e problemeve që lidhen me menaxhimin e keq të kërkesave mund të justifikojë investimin tuaj për blerjen e një mjeti të tillë. Duhet të dini se kostoja e një mjeti nuk është thjesht ajo që ju paguani për liçencën fillestare. Kostoja gjithashtu përfshin tarifat e mirëmbajtjes dhe përmirësimet periodike, shpenzimet vjetore të abonimit në qoftë se produkti është dorëzuar në formë të softuerit si shërbim, koston e instalimit të softuerit, administrimin e tij, marrjen e mbështetjes dhe konsultimit të shitësit si dhe trajnimin e përdoruesve. Analiza juaj kosto-përfitim duhet t'i marrë në konsideratë këto shpenzime shtesë përpara se të merrni një vendim për të blerë një mjet të tillë.

Përfitimet nga përdorimi i një mjeti për menaxhimin e kërkesave

Edhe në qoftë se ju bëni një punë të lavdërueshme duke specifikuar saktë kërkesat e projektit tuaj, ndihma e automatizuar mund t'ju ndihmojë të punoni me këto kërkesa ndërkohë që zhvillimi i produktit përparon. Një mjet i menaxhimit të kërkesave bëhet gjithnjë e më i dobishëm me kalimin e kohës sepse edhe kujtesa e ekipit për detajet e kërkesave fillon e zbehet. Seksionet e mëposhtme përshkruajnë disa nga detyrat që një mjet i tillë mund t'ju ndihmojë të kryeni.

 ## Menaxhoni versionet dhe ndryshimet

Projekti juaj duhet të përcaktojë një ose më shumë kërkesa kryesore bazë të cilat janë grupime të veçanta kërkesash që i janë cakuar një versioni të veçantë të produktit. Disa mjete të menaxhimit të kërkesave ofrojnë funksione elastike për të përcaktuar këto kërkesa bazë. Këto mjete gjithashtu mbajnë dhe ruajnë një histori të ndryshimeve të bëra për çdo kërkesë. Ju mund të regjistroni dhe të ruani logjikën që keni përdorur për të marrë secilin vendim për ndryshime si dhe t'i ktheheni një versioni të mëparshëm të një kërkesë nëse është e nevojshme. Disa nga këto mjete përmbajnë një sistem për ndryshim propozimi i cili lidh kërkesat për ndryshim drejtpërdrejt me kërkesat e prekura nga ndryshimi.

 ## Mbani dhe ruani vetitë e kërkesave

Ju duhet të regjistroni mjaft veti përshkruese për secilën nga kërkesat. Çdo pjesëtar i ekipit që punon në projekt duhet të jetë në gjendje t'i shohë këto veti të kërkesave. Pjesëtarëve të caktuar të ekipit do ju lejohet edhe t'i rinovojnë vlerat e vetive. Mjetet e menaxhimit të kërkesave gjenerojnë disa veti të përcaktuara nga vetë sistemi, të tilla si data në të cilën u krijua një kërkesë dhe numri aktual i versionit të kërkesës. Ato ju lejojnë të përcaktoni vetitë e tjera si tipe të ndryshme të dhënash. Përkufizimi i menduar mirë i vetive lejon palët e interesuara të shohin nëngrupet e kërkesave në bazë të kombinimeve të caktuara të vlerave të vetive. Për shembull ju mund të kërkoni të shihni një listë të të gjitha kërkesave që e kanë origjinën nga një rregull specifik i biznesit dhe në këtë mënyrë ju mund të gjykoni pasojat e një ndryshimi në këtë rregull. Një mënyrë për të gjurmuar kërkesat të cilat janë përcaktuar si kërkesa bazë për disa lëshime të produktit është duke përdorur një veti *Numur_Vetie - Lëshim_Produkti.*

 ## 3   LEHTËSONI ANALIZËN E NDIKIMIT

Mjetet informatike mundësojnë gjurmimin e kërkesave duke ju lejuar të përcaktoni lidhjet midis llojeve të ndryshme të kërkesave, midis kërkesave të nënsistemeve të ndryshme dhe midis kërkesave individuale dhe komponentëve që lidhen me sistemin (për shembull kompozimet, planet, modulet e kodit, testimet dhe dokumentacionin e përdoruesit). Këto lidhje do ju ndihmojnë të analizoni ndikimin që një ndryshim i propozuar do të ketë mbi një kërkesë të veçantë duke identifikuar elementet e tjera të sistemit mbi të cilat ky ndryshim mund të ndikojë.

Është gjithashtu një ide e mirë që të ndiqni çdo kërkesë funksionale deri në origjinën e saj apo të "prindit" të saj në mënyrë që të dini se nga e ka prejardhjen secila prej kërkesave. Disa nga këto mjete ju lejojnë të vendosni lidhje gjurmueshmërie midis kërkesave në bazën e të dhënave dhe objekte të ruajtura në mjete të tjera. Lidhje të tilla gjurmueshmërie përfshijnë raportet e problemeve, kërkesat për ndryshim, modelet e objekteve të projektimit, skedarë me kod burimor dhe listat me detyrat e projektit.

4   GJURMONI STATUSIN E KËRKESAVE

Grumbullimi i kërkesave në një bazë të dhënash ju lejon të dini sa kërkesa të dallueshme keni specifikuar për produktin. Ndjekja e statusit të secilës kërkesë gjatë zhvillimit të produktit është pjesë integrale e ndjekjes së përgjithshme të statusit të projektit. Një menaxher projekti ka një depërtim dhe këndvështrim të mirë mbi statusin e projektit kur ai e di se 55% e kërkesave të angazhuara për lëshimin e ardhshëm të produktit janë verifikuar, 28% janë zbatuar por nuk janë verifikuar dhe 17% e tyre ende nuk janë zbatuar plotësisht.

5   KONTROLLONI HYRJET DHE QASJET NË MJETIN E MENAXHIMIT TË KËRKESAVE

Mjetet e menaxhimit të kërkesave ju lejojnë të përcaktoni të drejtat e hyrjeve dhe qasjeve në sistem për individët apo grupet e përdoruesve si dhe pjesëmarrjen dhe ndarjen me ta të informacionit. Kjo realizohet përmes një ndërfaqe web me bazën e të dhënave edhe në rastet kur ekipet janë të shpërndara gjeografikisht.

Komunikoni me palët e interesuara në projekt. Disa mjete i lejojnë anëtarët e ekipit që të diskutojnë problemet e kërkesave në mënyrë elektronike, nëpërmjet bisedave të organizuara sipas temave ose problemeve. Sistemi dërgon edhe mesazhe automatike të cilat njoftojnë individët e interesuar në momentin kur krijohet një kërkesë e re për diskutim ose kur një kërkesë specifike është ndryshuar.

 **6   RIPËRDORNI KËRKESAT**

Ruajtja e kërkesave në një bazë të dhënash lehtëson ripërdorimin e tyre në projekte të shumëfishta apo nën-projekte të reja. Kërkesat që logjikisht përshtaten me pjesë të shumta të përshkrimit të produktit mund të ruhen në bazën e të dhënave dhe pastaj t'i referohemi sa herë që është e nevojshme duke shmangur kështu dublikimin e kërkesave.

Disa mundësi dhe potenciale të mjeteve për menaxhimin e kërkesave

Mjetet komerciale të menaxhimit të kërkesave ju lejojnë të përcaktoni lloje të ndryshme kërkesash (ndonjëherë të quajtura *klasa*) të tilla si kërkesat e biznesit, rastet e përdorimit, kërkesat funksionale, kërkesat hardware si dhe kufizimet. Kjo ju lejon t'i dalloni objektet individuale që ju dëshironi t'i trajtoni si kërkesa nga informacionet e tjera të dobishme që përmbajnë specifikimet e kërkesave të softuerit. Mjetet ofrojnë funksione dhe parametra shumë të mira për përcaktimin e vetive për çdo lloj kërkese. Ky është një avantazh i madh kundrejt qasjes tipike ndaj kërkesave të bazuar mbi dokumenta teksti.

Pothuajse të gjitha këto mjete përmbajnë funksione për gjurmueshmërinë e kërkesave të cilat ju lejojnë të përcaktoni lidhjet midis objekteve të dy lloj kërkesave ose edhe brenda të njëjtit lloj kërkese. Shumë mjete të menaxhimit të kërkesave integrohen me Microsoft Word në një farë mase. Ato më të sofistikuarat përmbajnë një shumëllojshmëri funksionesh të importimit dhe eksportimit të formateve të skedarëve. Mjaft nga këto mjete ju lejojnë të shënjoni tekstin në një dokument Word në mënyrë që ai të trajtohet si një kërkesë e veçantë e dallueshme. Disa mjete të tjera mund të analizojnë dokumentet në mënyra të ndryshme, të nxjerrin prej tyre kërkesa të veçanta dhe t'i ngarkojnë ato në bazën e të dhënave.

Aftësitë prodhuese të këtyre mjeteve përfshijnë aftësinë për të gjeneruar një dokument me kërkesa në një format të specifikuar nga përdoruesi apo si një raport tabelar. Disa mjete ju lejojnë të përcaktoni një dokument model në Word dhe pastaj ta popullloni këtë dokument me informacion të zgjedhur nga baza e të dhënave sipas kritereve të përcaktuara nga përdoruesi, për të prodhuar kështu një dokument specifikimesh sipas kërkesës së përdoruesit.

 Specifikimi i kërkesave të softuerit pra është një Raport i krijuar nga përmbajtja e përzgjedhur nga baza e të dhënave.

Karakteristika të tjera të mjeteve për menaxhimin e kërkesave përfshijnë aftësinë për të krijuar grupe përdoruesish dhe për të përcaktuar lejet për këta përdorues ose grupe përdoruesish të cilët mund të krijojnë, lexojnë, përditësojnë dhe fshijnë projekte, kërkesa, veti dhe vlera vetish nga baza e të dhënave. Disa prej këtyre produkteve ju lejojnë të përfshini në depozitën e kërkesave objekte jotekst të tilla si grafika dhe faqe përllogaritëse Excel. Disa mjete gjithashtu përfshijnë mjete ndihmëse të cilat ndihmojnë në proçesin e të mësuarit, të tilla si mësime praktike apo shëmbuj projektesh, për të ndihmuar përdoruesit.

Secili nga këto produkte do t'i rrisë praktikat tuaja të menaxhimit të kërkesave në një nivel më të lartë përdorimi dhe sofistikimi. Megjithatë zelli i përdoruesve të këtyre mjeteve softuerike do të vazhdojë të mbetet një faktor kritik për suksesin e projekteve. Punonjës të përkushtuar, të disiplinuar dhe me njohuri të thella do ta bëjnë projektin të eci përpara edhe sikur ata të kenë në dispozicion mjete mediokër.

Mos blini një mjet për menaxhimin e kërkesave derisa të jeni të gatshëm të respektoni kurbën e të mësuarit të tij dhe të bëni investimin në kohë, sepse nuk mund të prisni rezultate të menjëhershme që në momentin kur e blini atë. Fitoni një nivel eksperience duke punuar me mjetin në një projekt pilot përpara se ta punësoni atë në një projekt të rëndësishëm.

Faktorët e suksesit në përdorimin e një mjeti për menaxhimin e kërkesave

Blerja e një mjeti është e lehtë; të ndryshosh kulturën dhe praktikat për të pranuar mjetin dhe për të përfituar më të mirën prej tij është shumë më e vështirë. Shumica e organizatave tashmë janë mësuar të ruajnë kërkesat e tyre në dokumente Word. Ndryshimi ndaj një qasje tjetër softuerike ose applikacioni web kërkon një mënyrë të ndryshme të të menduarit dhe të punuarit. Mundohuni të mbani parasysh këshillat e mëposhtëme ndërkohë që planifikoni se si të merrni kthimin maksimal nga investimi që keni bërë në blerjen e një mjeti të menaxhimit të kërkesave.

A. Shkruani kërkesa të mira që në fillim

Është e rëndësishme t'ju kujtojmë përsëri se këto mjete softuerike janë mjete të *menaxhimit të kërkesave* dhe jo mjete të zhvillimit të kërkesave. Ato nuk do ju ndihmojnë të përcaktoni objektivat e biznesit tuaj, fushëveprimin e projektit juaj, të identifikoni përdoruesit, t'i bëni atyre pyetjet e duhura ose të shkruani kërkesa të mira. Mjetet nuk zëvendësojnë proçeset dhe teknikat efektive zhvillimore të kërkesave. Megjithatë ato do ju ndihmojë për të menaxhuar dhe gjurmuar çdo informacion që ju do të ruani brenda tyre.

Për këto arsye unë nuk do ju rekomandoja që organizata juaj të fillojë të përdori një mjet të tillë, qoftë edhe për provë, deri në momentin kur analistët e biznesit të jenë në gjendje të shkruajnë kërkesa të mira. Nëse problemet tuaja më të mëdha janë me nxjerrjen dhe shkrimin e qartë të kërkesave me cilësi të lartë, atëhere këto mjete nuk do mund t'ju ndihmojnë. Ka ndodhur që disa kompani të kenë fituar një besim të rremë në cilësinë e kërkesave të tyre vetëm sepse kërkesat ishin ruajtur mjaft mirë në një bazë të dhënash të organizuar mirë dhe të arritshme nëpërmjet raporteve të paraqitura bukur. Kërkesat e bukura në pamje por të varfëra në cilësi nuk do ju ndihmojnë shumë.

B. PRISNI NJË NDRYSHIM TË KULTURËS SË PUNËS

Organizatat që janë mësuar t'i ruajnë kërkesat në dokumente teksti tashmë kanë mekanizmat në vend për krijimin, rishikimin, miratimin, ruajtjen, shpërndarjen, dhe modifikimin e këtyre dokumenteve. Një mjet i menaxhimit të kërkesave sjell në mënyrë të pashmangshme një model krejtësisht të ri të organizimit dhe administrimit të kërkesave në këto organizata.

Kërkesat janë në vetvete entitete shumë të brishta. Të jesh në gjendje të shtypësh kërkesat në letër i jep atyre një ndjesi pak më të prekshme. Por ti ruash ato në një bazë të dhënash i bën ato edhe më pak të prekshme. Duket e vështirë që organizatat të bëjnë një kalim të plotë nga ruajtja e kërkesave në dokumenta fizike në një qasje ku kërkesat ruhen vetëm në një bazë të dhënash informatike. Kurthi që duhet të shmangni ju është që të investoni në përpjekjet për t'i hedhur kërkesat në mjetin që keni blerë ndërkohë kur ende i konsideroni dokumentet origjinale fizike si vendndodhjen dhe referencën kryesore për kërkesat e projektit. Qëllimi juaj është që të gjitha palët e interesuara ta konsiderojnë mjetin si burimin dhe referencën kryesore për kërkesat dhe jo të mbështeten në dokumentat origjinale të kërkesave në letër. Ky ndryshim kulture do të kërkojë që ju të ushtroni një presion të butë të vazhdueshëm në organizatë në mënyrë që të drejtoni organizatën drejt mënyrave të reja të menduarit dhe të punuarit.

Për të përshpejtuar kalimin nga një model të bazuar tek dokument në përdorimin e mjetit softuerik, do të ishte mirë të caktoni një datë pas së cilës baza e të dhënave të mjetit do të konsiderohet si i vetmi vend ku do të mbahen kërkesat e projektit. Pas kësaj date kërkesat që do të jenë vetëm në dokumenta teksti (Word) nuk do të njihen si kërkesa të vlefshme.

C. MOS KRIJONI SHUMË LLOJE KËRKESASH OSE VETI TË TYRE

Shumica e mjeteve të menaxhimit të kërkesave ju lejojnë që të përcaktoni një shumëllojshmëri të tipeve të kërkesave. Ju mund të identifikoni një "pronar" për çdo tip kërkese i cili do të ketë përgjegjësinë kryesore për menaxhimin e përmbajtjes së bazës së të dhënave të atij tipi. Çdo tip mund ketë grupin e vet të vetive të cilat janë pjesëza të dhënash që lidhen me atë tip kërkese. Ju gjithashtu mund të krijoni një tip kërkese funksionale me një grup të ndryshëm vetish. Disa veti që duhet të merrni në konsideratë për kërkesat funksionale janë autori, prioriteti, statusi, origjina, numri i lëshimit, metoda e vlerësimit, shpjegimi i arsyeshëm dhe pronari aktual. Mjeti do të krijojë dhe do të përditësojë automatikisht disa veti të caktuara të tilla si datën e krijimit ose datën e ndryshimit të fundit. Vetitë e tjera përcaktohen nga përdoruesi.

Të gjitha këto tipe kërkesash, vetish dhe lidhjesh gjurmimi janë potencialisht të vlefshme. Megjithatë mos përcaktoni më shumë veti sesa ju me të vërtetë prisni që të përdorni, sepse krijimi dhe ruajtja e tyre kërkon përpjekje dhe kohë. Ekipi juaj duhet të zgjedhë lidhjet e informacionit dhe gjurmueshmërisë të cilat shtojnë vlerë për projektin dhe ata duhet të jenë të kujdesshëm në lidhje me ruajtjen e këtij informacioni si dhe për ta mbajtur atë të përditësuar.

Është e lehtë të humbisni në projektimin e përmbajtjes së bazës së të dhënave të kërkesave në vend që të mendoni sesi anëtarët e ekipit do ta përdorin mjetin dhe informacionin e ruajtur në të. Në vend që të përcakoni më shumë veti nga sa mund të administroni, fillimisht përcaktoni vetëm tre ose katër veti thelbësore, popullojini ato dhe përfitoni nga të dhënat. Prioriteti, statusi, numri i lëshimit dhe arsyetimi përbëjnë një grup të mirë fillestar vetish për kërkesat funksionale.

D. TRAJNONI PËRDORUESIT E MJETIT DHE TË SISTEMIT

Edhe pse disa mjete të menaxhimit të kërkesave nuk kushtojnë shumë, blerja e mjeteve më të mira mund të përbëjë një investim të rëndësishëm financiar nga ana juaj. Anëtarët e ekipit duhet të mësojnë sesi të përdorin këtë mjet në mënyrë të përshtatshme dhe efikase. Mos neglizhoni dhe mos shmangni trajnimet. Anëtarët e ekipit tuaj janë të mençur, por është më mirë t'i trajnoni ata sesa të prisni që ata të mësojnë vetë si ta përdorin mjetin në mënyrë sa më të mirë dhe efikase. Ata pa dyshim mund të kuptojnë veprimet themelore që kryen mjeti si dhe parimet mbi të cilat ai funksionon, por ata nuk do të mund të mësojnë kapacitetet e plota të mjetit dhe si t'i shfrytëzojnë ato në mënyrë efikase. Shpenzimi i parave për trajnim dhe mbështetje pasi ju e keni blerë shtrenjtë licencën mund të jetë i vështirë për t'u pranuar nga menaxherët tuaj dhe drejtuesit e organizatës. Por në qoftë se punonjësit nuk do të dinë të përdorin mjetin e ri në mënyrë efektive, ju nuk do të merrni kthimin e duhur nga investimi.

E. CAKTONI PËRGJEGJËSITË

Dikush duhet të jetë përgjegjës për kujdesin dhe ngarkimin e informacionit që ruhet në bazën e të dhënave të mjetit informatik. Këto janë detyra normale për një analist biznesi, edhe pse administrimi i mjetit dhe funksionet e menaxhimit të përmbajtjes mund të ndahen mes disa punonjësve. Por Analisti i Biznesit nuk do të jetë personi i vetëm që do punojë me informacionin. Ju mund të keni nevojë t'i jepni individëve të caktuar autoritetin e nevojshëm për të përditësuar veti kërkesash ose për të shtuar të dhëna gjurmueshmërie gjatë projektit. Nëse këto përgjegjësi nuk bëhen të qarta dhe të pranohen nga anëtarët e ekipit, atëhere ju dhe ekipi nuk do të mund të kryeni punë serioze dhe efikase. Mungesa e ndarjes së përgjegjësive për kryerjen e këtyre detyrave degradon sasinë, cilësinë dhe vlerën e të dhënave të ruajtura në bazën e të dhënave.

Duhet pak përpjekje por shumë disiplinë për të grumbulluar informacionin e gjurmueshmërisë gjatë kohës që është duke u zhvilluar softueri. Në të kundërt, do të jetë shumë e shtrenjtë dhe jopraktike për të mbledhur të gjitha të dhënat e gjurmueshmërisë në fund të projektit. Të gjithë anëtarët e ekipit të cilët janë në një pozicion për të gjeneruar të dhëna të gjurmueshmërisë (si zhvilluesit dhe testuesit) duhet të bien dakord për të regjistruar lidhjet e gjurmueshmërisë ndërkohë që ata punojnë me projektin.

F. Përfitoni nga karakteristikat e mjetit

Një nga karakteristikat më të nevojshme për mjetet e menaxhimit të kërkesave është që ato të ofrojnë mundësinë për të përcaktuar lidhjet e gjurmueshmërisë. Produktet më të fuqishme të menaxhimit të kërkesave i lejojnë analistët të krijojnë edhe lidhje gjurmueshmërie me objekte të ruajtura në mjete të tjera informatike, të tilla si hartimi i elementeve të ruajtura në një mjet modelimi, segmente kodi burim në një mjet të kontrollit të versioneve si dhe testet në një mjet të menaxhimit të testimeve. Në qoftë se ju nuk i përdorni këto karakteristika atëhere kjo do të zvogëlojë vlerën e mbajtjes së kërkesave në një bazë të dhënash.

Mjetet gjithashtu ju lejojnë të përcaktoni nivele të ndryshme qasje dhe autorizime për grupe dhe individë, për të identifikuar ata të cilët mund të lexojnë, të krijojnë dhe të modifikojnë përmbajtjen e bazës së të dhënave. Kontrollet e hyrjeve në sistem janë të rëndësishme për kompanitë të cilat kanë punonjës dhe skuadra që punojnë nga vende të ndryshme të botës. Këto kompani duhet të jenë të kujdesshme që të mos ekspozojnë teknologji dhe të dhëna të rezervuara kundrejt individëve të cilët nuk kanë të drejta për ta parë këtë informacion. Përfitoni nga aftësitë dhe kapacitetet e këtyre mjeteve për të siguruar që të gjithë të kenë qasje tek kërkesat, por gjithësecili të ketë qasje sipas nivelit të përcaktuar të lejes.

G. Testimi i kërkesave

Është e vështirë të përfytyrohet se si do të funksionojë një sistem vetëm duke lexuar specifikimet e kërkesave. Testet e bazuara në kërkesat e projektit do t'i bëjnë më të prekshme për pjesëmarrësit e projektit sjelljet e pritshme të sistemit. Dhe akti i thjeshtë i hartimit të testeve do të zbulojë shumë probleme me kërkesat, shumë kohë përpara se ju t'i ekzekutoni testet në një sistem funksional. Nëse ju filloni dhe zhvilloni testet në momentin kur një pjesë e kërkesave sapo janë stabilizuar, ju mund të gjeni probleme kur është ende e mundur të korrigjohen ato pa shumë mund dhe shpenzime.

H. Kërkesat dhe testimet

Testet dhe kërkesat kanë një marrëdhënie sinergjike. Ato përfaqësojnë këndvështrime plotësuese të sistemit. Krijimi i këndvështrimeve të shumta të një sistemi - kërkesa të shkruara, diagrame, testime, prototipe dhe kështu me radhë - ju jep një këndvështrim dhe kuptim shumë më të plotë të produktit që po krijoni.

Metodologjia Agile e krijimit të programeve kompjuterike shpesh e vë theksin mbi shkrimin e testimeve të pranimit nga përdoruesi në vend të kërkesave të detajuara funksionale. Të mendosh për sistemin nga një perspektivë testimi është shumë e vlefshme, porse qasja ju lë vetëm me një pamje të vetme të dijes mbi kërkesat.

Shkrimi i testime funksionale kristalizon vizionin tuaj sesi sistemi duhet të sillet në kushte të caktuara. Do të shihni përpara vetes shumë kërkesa të turbullta dhe të paqarta sepse nuk do të jeni në gjendje të përshkruarni përgjigjen e pritshme të sistemit. Kur Analistët e Biznesit, zhvilluesit dhe konsumatorët analizojnë testimet së bashku hap pas hapi, ata gjithashtu krijojnë një vizion të përbashkët se si do të funksionojë produkti.

I. Testimet konceptuale

Sigurisht që nuk mund të testoni sistemin tuaj ndërkohë që jeni ende në fazën e kërkesave, sepse ju ende nuk e keni shkruar softuerin që të mund ta ekzekutoni atë. Megjithatë ju mund të filloni të nxirrni teste konceptuale nga raste përdorimi edhe shumë herët në fazat e para të projektit. Ju pastaj mund t'i përdorni këto teste për të vlerësuar kërkesat funksionale, modelet e analizave si dhe prototipet. Testet duhet të mbulojnë rrjedhën normale të rastit të përdorimit, flukset alternative si dhe përjashtimet e identifikuara gjatë nxjerrjes dhe analizës së kërkesave.

Në mënyrë ideale, një Analist Biznesi do t'i shkruajë kërkesat funksionale dhe pastaj një testues do të shkruajë testet duke u nisur që të dy nga një pikë e përbashkët fillestare, kërkesat e përdoruesit. Paqartësitë në kërkesat e përdoruesve dhe ndryshimet në interpretim do të çojnë në mospërputhje ndërmjet pikëpamjeve të përfaqësuara nga kërkesat funksionale, modelet dhe testet. Gjetja e këtyre mospërputhjeve do të zbulojë gabimet.

Ndërkohë që zhvilluesit gradualisht përkthejnë kërkesat në

ndërfaqen e përdoruesit dhe projektet teknike, testuesit mund të përpunojnë këto teste të hershme konceptuale në procedura të detajuara testimesh për t'i përdorur pastaj në testimet formale të sistemit.

TERMA TË MENAXHIMIT TË PROJEKTEVE INFORMATIKE QË JU DUHET TË DINI

Çdo disiplinë ka fjalorin e vet dhe Menaxhimi i Projekteve nuk bën përjashtim. Pjesë e proçesit të implementimit të suksesshëm të menaxhimit të projekteve në organizatën tuaj është standardizimi i terminologjisë. Në këtë mënyrë kur një person flet për rreziqet, fushëveprimin, çështjet, kërkesat dhe shqetësimet e tjera të menaxhimit të projekteve, të gjithë të tjerët e dinë dhe e kuptojnë se për çfarë po flet dhe kujt po i referohet. Ky fjalor përmban termat e zakonshme që përdoren në menaxhimin e projekteve dhe mund t'ju ndihmojë të filloni proçesin e standardizimit të terminologjisë në organizatën tuaj.

SUPOZIMI - SUPOZIMET

Mund të ketë rrethana ose ngjarje të jashtme të cilat duhet të ndodhin në mënyrë që një projekt të jetë i suksesshëm (ose që duhet të ndodhin për të rritur shanset për sukses të projektit). Nëse besoni se probabiliteti që ngjarja të ndodhi është i pranueshëm, ju mund ta vendosni atë në listë si një supozim. Një supozim ka një probabilitet në mes 0 dhe 100%; d.m.th nuk është e pamundur që ngjarja do të ndodhë (0%) dhe nuk është një fakt që ajo të ndodhë (100%) - supozimi është diku në mes të këtyre dy vlerave. Supozimet janë të rëndësishme sepse ato vendosin kontekstin brenda të cilit përcaktohet e gjithë pjesa tjetër e projektit.

Klienti - Konsumatori

Personi ose grupi që është përfituesi i drejtpërdrejtë i një projekti ose shërbimi është klienti/konsumatori. Këta janë njerëzit për të cilët është duke u ndërmarrë i gjithë projekti (përfitues indirekt janë palët e interesuara). Në shumë organizata përfituesit e brendshëm quhen *"klientë"* dhe përfituesit e jashtëm janë quajtur *"konsumatorë"*, por ky nuk është një rregull i përcaktuar qartë.

Pengesat - Kufizimet - Shtrëngesat

Pengesat janë kufizime që janë jashtë kontrollit të ekipit të projektit dhe duhet të menaxhohen me hapa të matur. Pengesat nuk janë domosdoshmërisht probleme. Megjithatë menaxheri i projektit duhet të jetë i vetëdijshëm për pengesat sepse ato përfaqësojnë kufizime në ekzekutimin e projektit. Kufizimet në data, për shembull, nënkuptojnë se disa ngjarje (ndoshta përfundimi i projektit) duhet të ndodhin brenda një date të caktuar. Burimet janë pothuajse gjithmonë një pengesë pasi ato asnjëherë nuk janë në dispozicion në sasi të pakufizuara.

Varianca e Kostos

Varianca e Kostos përdoret për të matur diferencën e kostos

ndërmjet Vlerës së Fituar të një projekti dhe Kostos Aktuale deri në momentin e matjes (*Varianca Kostos = Vlerë e Fituar - Kosto Aktuale*). Një *Variancë Kosto pozitive* tregon se projekti është nën buxhetin e parashikuar sepse është duke dhënë më shumë vlerë sesa po krijon kosto. Nëse projekti ka një *Variancë Kosto negative*, atëhere projekti është mbi buxhet.

Edhe një Variancë Kosto pozitive duhet të shqyrtohet për të gjetur shkaqet rrënjësore se përse është duke ndodhur.

Shtegu Kritik

Shtegu kritik është rendi i aktiviteteve të cilat duhet të përfundojnë brenda afateve në mënyrë që i gjithë projekti të përfundojë në afatin e përcaktuar. Ky është itinerari me kohëzgjatje më të madhe i parashikuar në planin e punës.

Nëse një aktivitet në shtegun kritik shtyhet për një ditë, i gjithë projekti do të vonohet me një ditë (përveç rasteve kur një veprimtari tjetër në shtegun kritik mund të përshpejtohet me një ditë).

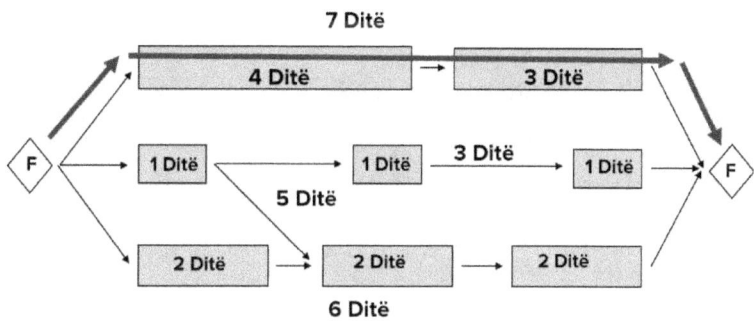

Shembull i një shtegu kritik të një projekti

Objekt i Dorëzueshëm

Një objekt i dorëzueshëm është çdo rezultat i prekshëm që është prodhuar nga projekti. Të gjitha projektet krijojnë objekte të tilla të cilat mund të jenë dokumente, plane, sisteme kompjuterike, ndërtesa, aeroplanë, etj. Objektet e dorëzueshme *të brendshme* prodhohen si pasojë e ekzekutimit të projektit dhe zakonisht janë të nevojshme vetëm për ekipin e projektit. Objektet e dorëzueshme *të jashtme* krijohen për klientët dhe palët e interesuara (dhe ata i marrin këto objekte në dorëzim). Projekti juaj mund të krijojë një ose më shumë objektet të dorëzueshme.

VLERA E FITUAR

Vlera e fituar është një term menaxhimi i cili përdoret për të përcaktuar punën totale të përfunduar në një pikë të caktuar në kohë. Vlera e fituar e një projekti përcaktohet duke shtuar të gjitha shpenzimet e buxhetuara për çdo detyrë të përcaktuar në plan-grafikun e projektit. Llogaritja aktuale e vlerës së fituar mund të kryhet në shumë mënyra duke përfshirë 0-100%, 50-50%, ose një përqindje aktuale për të përcaktuar vlerën e kredituar të një detyre.

MENAXHER FUNKSIONAL

Menaxheri funksional është personi të cilit ju i raportoni brenda organizatës tuaj funksionale. Zakonisht ky është personi që bën shqyrtimin e performancës tuaj. Menaxheri i projektit mund të jetë edhe një menaxher funksional, por nuk është e nevojshme ose e detyrueshme që ai ose ajo të jetë në këtë funksion.

GRAFIKU GANTT

Grafiku Gantt është një grafik me kolona i cili paraqet dhe përshkruan aktivitetet si blloqe në kohë. Fillimi dhe përfundimi i bllokut i korrespondojnë datës së fillimit dhe datës së përfundimit të aktivitetit.

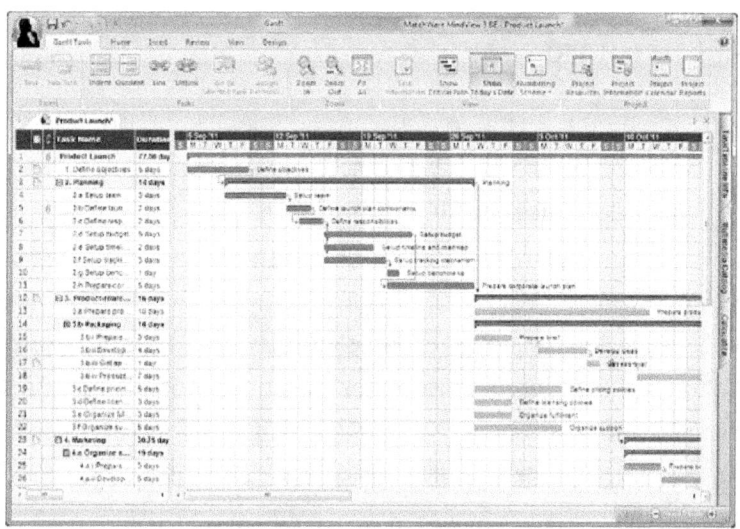

Shembull i një grafiku Gantt

ÇËSHTJE

Një çështje është një problem i madh i cili do ta pengojë progresin e projektit. Ajo nuk mund të zgjidhet nga menaxheri i projektit dhe ekipi i projektit pa ndihmë nga jashtë. Menaxherët e projektit duhet të merren me çështjet në mënyrë aktive përmes një proçesi të përcaktuar të menaxhimit të çështjeve.

CIKLI I JETËS

Cikli i jetës i referohet proçesit që përdoret për të ndërtuar objekte të dorëzueshme që prodhohen nga projekti. Ka shumë modele cikli jete të një projekti. Për krijimin e programeve informatike, i gjithë cikli i jetës mund të përbëhet nga *planifikimi, analiza, projektimi, ndërtimi / testimi, zbatimi dhe mbështetja*. Ky është një shembull i një cikli jete model "Ujëvarë" (Waterfall). Cikle të tjera jete përfshijnë Zhvillimin Përsëritës, Zbatimin e Paketave dhe Kërkim e Zhvillim. Secili prej këtyre modeleve paraqet një qasje për ndërtimin e projektit mbi objektet e dorëzueshme.

Guri Kilometrik

Një gur kilometrik është një ngjarje e planifikuar që nënkupton përfundimin e një objekti të madh të dorëzueshëm apo një grup objektesh të dorëzueshme të lidhura midis tyre. Një gur kilometrik, sipas vetë përcaktimit, ka kohëzgjatjen zero dhe nuk përmban asnjë përpjekje. Nuk ka asnjë proçes pune apo detyrë që lidhet me një gur kilometrik. Guri kilometrik është një flamur në planin e punës i cili njofton se disa detyra janë plotësuar dhe duhen përfunduar disa detyra të tjera. Zakonisht një gur kilometrik përdoret si një pikë kontrolli e projektit për të vlerësuar se si po ecën projekti.

Objektivi

Një objektiv është një deklaratë konkrete që përshkruan se çfarë po përpiqet të arrijë projekti. Objektivi duhet të jetë i shkruar në nivel të ulët, në mënyrë që të mund të vlerësohet në përfundim të projektit për të parë nëse ai objektiv është arritur apo jo. Suksesi i projektit përcaktohet në bazë të plotësimit të objektivave të projektit. Një teknikë për të shkruar një objektiv është të sigurohemi që objektivi është *Specifik, i Matshëm, i Arritshëm, i Vërtetë* dhe i *Lidhur me Afate.*

Programi

Një program është struktura ombrellë e krijuar për të menaxhuar një seri projektesh të lidhur me njëri-tjetrin. Programi nuk prodhon asnjë objekt të dorëzueshëm të projektit. Janë ekipet e projektit që i prodhojnë ato objekte. Qëllimi i programit është që të mundësojë drejtimin dhe një udhëheqje të përgjithshme për të siguruar që:

✓ Projektet e lidhur me njëri-tjetrin po komunikojnë në mënyrë efektive;

✓ Ka një pikë qendrore kontakti dhe përqëndrimi për klientin dhe ekipet;

✓ Përkufizon sesi projektet individuale duhet të përcaktohen për të siguruar që e gjithë puna do të kryhet me sukses.

MENAXHER PROGRAMI

Një menaxher programi është personi i cili ka autoritetin për të administruar një program. Vini re se ky është një rol. Menaxheri i programit mund të jetë përgjegjës për një ose më shumë projekte brenda programit. Menaxheri i programit drejton planifikimin dhe menaxhimin e përgjithshëm të programit. Të gjithë menaxherët e projekteve brenda programit i raportojnë menaxherit të programit.

MENAXHERI I PROJEKTIT

Menaxheri i projektit është personi me autoritetin për të menaxhuar një projekt. Menaxheri i projektit është 100% përgjegjës për proçeset e përdorura për të menaxhuar projektin. Ai ose ajo gjithashtu ka përgjegjësinë e menaxhimit njerëzor për anëtarët e ekipit edhe pse kjo përgjegjësi ndahet me menaxherin funksional të grupit të punës. Proçeset e përdorura për të menaxhuar projektin përfshijnë përcaktimin e punës, ndërtimin e planit të punës dhe buxhetit, menaxhimin e planit të punës dhe buxhetit, menaxhimin e fushëveprimit të projektit, menaxhimin e çështjeve, menaxhimin e rrezikut, etj.

PROJEKTI

Një projekt është një strukturë e përkohshme për të organizuar dhe menaxhuar punën dhe që ka për qëllim final ndërtimin e një objekti apo rezultati specifik të përcaktuar e të dorëzueshëm, ose një grup rezultatesh dhe objektesh të tilla. Me përkufizim, të gjitha projektet janë unike dhe kjo është njëra nga arsyet pse është e vështirë të krahasohen projekte të ndryshme me njëri-tjetrin.

BAZA E PROJEKTIT

Baza e projektit përdoret për të përcaktuar vlerësimet fillestare të buxhetit dhe të afateve bazuar në fushëveprimin e miratuar paraprakisht përpara fillimit të ekzekutimit të projektit. Menaxherët efektive të projekteve e krahasojnë bazën e projektit me statusin aktual të tij për të përcaktuar ndryshimet dhe variancat specifike në kosto apo afate të projektit.

PËRKUFIZIMI I PROJEKTIT (STATUTI)

Para se të filloni një projekt, është e rëndësishme të dini objektivat e përgjithshme të projektit si dhe fushëveprimin e tij, objektet dhe rezultatet e dorëzueshme, rreziqet, supozimet, organikën e projektit, etj. Përkufizimi i projektit (apo *Statuti*) është dokumenti që përmban gjithë këtë informacion të dobishëm. Menaxheri i projektit është përgjegjës për krijimin e përkufizimit të projektit. Dokumenti duhet të miratohet nga klienti për të treguar se drejtuesi i projektit dhe klienti janë në marrëveshje mbi këto aspekte të rëndësishme të projektit.

ZYRA E MENAXHIMIT TË PROJEKTEVE

Zyra e Menaxhimit të Projekteve (ZMP) është një organizatë ose departament brenda një kompanie. Ajo zhvillon dhe zbaton proçeset, mjetet, dhe teknikat e menaxhimit të projekteve. Një ZMP mund të krijohet në nivel programi, në nivel departamenti ose në nivel ndërmarrje. Një ZMP zakonisht ofron mbështetje për qeverisjen ose portofolin e programeve, menaxhimin e portofolit të projekteve, menaxhimin e burimeve si dhe menaxhimin e rrezikut dhe çështjeve të projekteve.

Faza e Projektit

Një fazë në një projekt është një grupim i madh logjik pune. Faza gjithashtu përfaqëson përfundimin e një objekti të madh të dorëzueshëm apo të një grupi rezultatesh ose objektesh të dorëzueshme të lidhura me njëra-tjetrën. Në një projekt zhvillimi të TIK, fazat logjike mund të jenë *planifikimi, analiza, projektimi, ndërtimi (duke përfshirë testimin) dhe zbatimi.*

Plani i Projektit

Plani i projektit (të mos ngatërrohet me grafikun apo afatet e projektit) është dokumenti që përshkruan proçeset, mjetet, dhe teknikat e përdorura për të menaxhuar dhe kontrolluar projektin. Proçeset e zakonshme përfshijnë proçeset specifike në nivel projekti të tilla si *menaxhimi i ndryshimeve, menaxhimi i çështjeve, menaxhimi i rrezikut, menaxhimi i dokumentacionit* dhe *menaxhimi i kohës* për përditësimet e afateve të projektit.

Afatet e Projektit / Afatet e Punës

Afati i projektit është grupi i detyrave bashkë me kohëzgjatjen për secilën prej tyre si dhe grupi i burimeve dhe e varësive specifike të cilat parashikojnë datën e përfundimit të projektit.

Përcaktimi i afatit të projektit zakonisht kryhet me ndihmën e Microsoft Project apo me një mjet të ngjashëm softuerik për planifikimin e projekteve. Por afati i projektit mund të përllogaritet dhe të përcaktohet edhe thjesht duke përdorur nje fletë pune Excel.

Ekipi i projektit

Ekipi i projektit përbëhet nga burimet njerëzore me kohë të plotë dhe me kohë të pjesshme të cilat janë caktuar për të punuar mbi objektet dhe rezultatet e dorëzueshme të projektit.

Ata janë përgjegjës:

1. Për të kuptuar punën që duhet kryer;
2. Për kompletimin e punës së caktuar brenda buxhetit, brenda afatit kohor dhe pritshmërisë së cilësisë;
3. Për të informuar menaxherin e projektit për çështjet që dalin, ndryshimet në fushëveprimin e projektit si dhe shqetësimet ndaj rreziqeve apo cilësisë së projektit;
4. Për të komunikuar në mënyrë proaktive statusin dhe pritshmëritë e menaxhimit.

Kërkesë për Propozim

Kërkesa për Propozim (KPP) është një kërkesë formale që përdoret nga organizatat për të identifikuar zgjidhje dhe shërbime të mundshme nga një numur kompanish që ofrojnë shërbime apo produkte. Në bazë të KPP, organizata do të identifikojë një listë më të vogël kompanish për të nxjerrë dhe lëshuar pastaj një kërkesë për kuotim nga kompanitë e përzgjedhura.

Kërkesë për Kuotim

Një Kërkesë për Kuotim (KPK) është një kërkesë formale ndaj një kompanie e cila ofron shërbime apo produkte për të ofruar koston aktuale për një shërbim, për një produkt apo për një fushëveprim specifik të punës së kërkuar. Klienti zakonisht i dërgon kompanisë një grup kërkesash së bashku me udhëzimet sesi kompania t'i përgjigjet kërkesës. Kompania jep përgjigjen e saj duke përfshirë detaje rreth zgjidhjes, supozime si dhe çmimin për shërbimin ose produktin.

Kërkesat

Kërkesat janë përshkrimet sesi një produkt apo shërbim duhet të veprojë, të paraqitet ose të ekzekutohet. Kërkesat në përgjithësi i referohen tipareve dhe funksioneve të objekteve të dorëzueshme që po ndërtoni në projektin tuaj. Kërkesat konsiderohen të jenë pjesë e qëllimit dhe fushëveprimit të projektit. Qëllimi i nivelit të lartë përcaktohet në përkufizimin e projektit (Statuti), ndërsa kërkesat formojnë qëllimin e zbërthyer në detaje. Pasi kërkesat miratohen, ato mund të ndryshohen përmes proçesit të menaxhimit të ndryshimit të kërkesave.

RREZIKU

Gjatë zhvillimit të projektit mund të ketë ngjarje të jashtme të cilat do të ushtrojnë një ndikim negativ mbi projektin tuaj, nëse ato ndodhin. Rreziku i referohet kombinimit të probabilitetit që ngjarja të ndodhë dhe ndikimit të saj mbi projektin nëse ajo ndodh. Në qoftë se kombinimi i probabilitetit të ndodhjes dhe ndikimit mbi projektit është shumë i lartë, atëhere ju duhet të identifikoni ngjarjen si një rrezik të mundshëm dhe të krijoni e të keni gati për ekzekutim një plan proaktiv për ta menaxhuar rrezikun.

FUSHËVEPRIMI

Fushëveprimi është mënyra sesi ju i përshkruani kufijtë e projektit. Ai përcakton se çfarë do të prodhojë dhe çfarë nuk do të prodhojë projekti. Fushëveprimi i nivelit të lartë përcaktohet në përkufizimin e projektit (Statutin) dhe përfshin të gjitha objektet e dorëzueshme si dhe kufijtë e projektit. Fushëveprimi i detajuar identifikohet nëpërmjet kërkesave të biznesit. Çdo ndryshim në objektet e dorëzueshme të projektit, në kufijtë apo kërkesat, do të kërkojë miratim nëpërmjet menaxhimit të ndryshimeve në fushëveprim.

MENAXHIMI I NDRYSHIMIT TË FUSHËVEPRIMIT

Qëllimi i menaxhimit të ndryshimit të fushëveprimit është të menaxhojë ndryshimet që ndodhin në kërkesat dhe deklaratat e fushëveprimit të miratuara më parë. Fusha është përcaktuar dhe miratuar në Seksionin e Fushëveprimit të Dokumentit të Përkufizimit të Projektit (Statutit) dhe të kërkesave më të hollësishme të biznesit. Nëse qëllimi ose kërkesat e biznesit ndryshojnë gjatë projektit (dhe zakonisht kjo do të thotë që klienti dëshiron objekte shtesë), atëhere vlerësimet që ju keni bërë më parë mbi koston, përpjekjen dhe kohëzgjatjen e projektit mund të mos jenë më të vlefshme.

Nëse klienti bie dakord për të përfshirë punën e re të shtuar në fushëveprimin e projektit, menaxheri i projektit ka të drejtë të presë që edhe buxheti aktual si dhe afati i përfundimit të projektit do të ndryshojnë (zakonisht do të rriten) për të pasqyruar këtë punë shtesë. Kjo kosto, përpjekje dhe kohëzgjatje e re e vlerësuar kthehen në objektivin e ri të miratuar të projektit.

SPONSORI (SPONSORI EKZEKUTIV DHE SPONSORI I PROJEKTIT)

Sponsori është personi i cili ka autoritetin përfundimtar mbi projektin. Sponsori ekzekutiv siguron financimin e projektit, zgjidh çështjet dhe ndryshimet e objektit dhe fushëveprimit, miraton objektet e dorëzueshme të mëdha si dhe ofron drejtim të nivelit të lartë. Në varësi të projektit dhe të nivelit organizativ të sponsorit ekzekutiv, ai ose ajo mund t'ia delegojë menaxhimin e përditshëm taktik një sponsori të projektit. Nëse caktohet, një sponsor i projektit përfaqëson sponsorin ekzekutiv në një nivel të përditshëm dhe merr shumicën e vendimeve që kërkojnë pëlqimin e sponsorit. Nëse vendimi për t'u marrë është mjaft i madh e i rëndësishëm, atëhere sponsori i projektit do t'ja kalojë atë sponsorit ekzekutiv.

PALËT E INTERESUARA

Persona apo grupe të veçantë të cilët kanë një interes në rezultatin e projektit janë palët e interesuara në projekt. Normalisht palët e interesuara janë brenda kompanisë dhe mund të përfshijnë edhe klientët e brendshëm, menaxherët, punonjësit, administratorët etj. Një projekt mund të ketë gjithashtu palë të interesuara të jashtme, duke përfshirë furnizuesit, investitorët, grupet e komunitetit dhe organizatat qeveritare.

KOMITETI DREJTUES

Një komitet drejtues është zakonisht një grup i aktorëve të nivelit të lartë të cilët janë përgjegjës për dhënien e udhëzimeve udhëheqëse mbi drejtimin e përgjithshëm strategjik të projektit.

Komiteti Drejtues është veçanërisht i vlefshëm në rastet kur projekti ka një ndikim mbi shumë organizata, sepse Komiteti mundëson mbledhjen e të dhënave dhe të informacioneve nga këto organizata si dhe marrjen e vendimeve që prekin gjithë organizatat.

METODOLOGJIA UJËVARË (WATERFALL)

Metodologji Ujëvarë është një metodologji parashikuese me faza të njëpasnjëshme të një cikli jete të një projekti. Këto faza përfshijnë *Analizën, Projektimin, Zhvillimin, Testimin dhe Zbatimin.*

Metodologjitë parashikuese funksionojnë mirë kur kërkesat dhe projektimi janë të përcaktuara mirë. Për projektet e ndërtimit të softuereve rekomandohet një metodologji Agile, me gjithë bollëkun e metodologjive ujëvarë që gjejmë sot në të gjitha llojet e industrive.

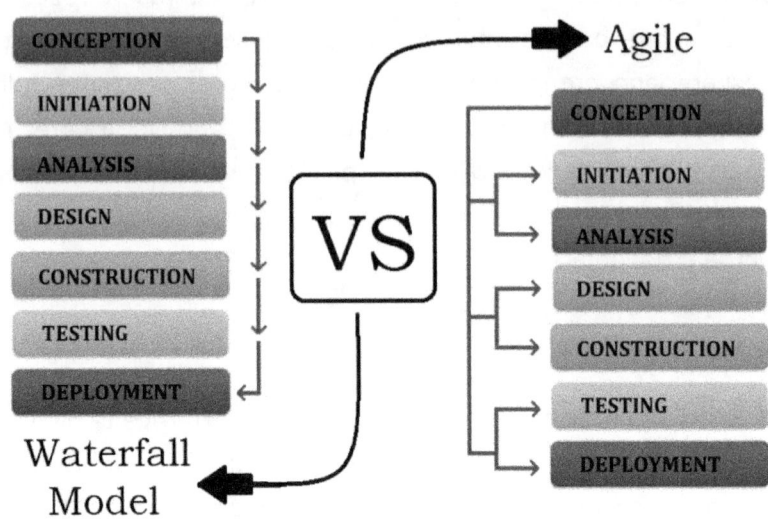

Metodologjia Agile kundrejt asaj Waterfall

STRUKTURA E NDARJES SË PUNËS

Struktura e Ndarjes së Punës (SNP) është një listë objektesh të mëdha të dorëzueshme që ekipi i projektit do të plotësojë e përfundojë gjatë projektit. SNP është e organizuar si një hierarki dhe është e shpërbërë në disa nën-nivele. Një SNP mund të përdoret për të përcaktuar projektin në copëza të vogla pamore, në mënyrë që ekipi të mund të kuptojë më mirë dhe të planifikojnë aktivitetet e nevojshme për të përfunduar objektet e dorëzueshme.

Një SNP pamore mund të ndërtohet duke përdorur mjete për ndërtimin e diagrameve të tilla si Microsoft Visio ose mjete për mbledhjen dhe organizimin e ideve mendimeve të tilla si Mindjet ose MindGenius.

PLANI I PUNËS (AFATET)

Plani i Punës së projektit ju tregon se si do ta përfundoni projektin. Ai përshkruan aktivitetet e kërkuara, rendin e punës, cili është caktuar për të bërë çfarë, një vlerësim të përpjekjes që kërkohet, kur duhet përfunduar puna si dhe informacione të tjera me interes për menaxherin e projektit. Plani i punës lejon drejtuesin e projektit të identifikojë punën e nevojshme për të përfunduar projektin dhe gjithashtu lejon menaxherin e projektit të monitorojë punën dhe të përcaktojë nëse projekti është brenda afateve të përcaktuara.

Terminologji të metodologjisë Agile

Metodologjia Agile

Një metodologji Agile është një metodologji adaptive e ciklit të jetës së zhvillimit të sistemeve informatike, e cila prodhon softuere në bazë të proçeseve ciklike në rritje të njohura si *përsëritje* ose *vrapime të shpejta (sprinte)*. Në zhvillimin Agile të softuerit koha është fikse dhe fushëveprimit i lejohet të pluskojë nga një përsëritje në tjetrën bazuar në progresin e historisë së përdoruesit të ekipit. Një metodologji Agile përdoret më mirë kur kërkesat nuk janë të përcaktuara mirë.

Historia e Përdoruesit

Një histori përdoruesi është versioni Agile i një kërkesë të projektit. Një histori përdoruesi është e përbërë nga pak fjali që përcaktojnë *kush, çfarë,* dhe *pse* të një kërkesë të caktuar dhe mund të dokumentohen në karta indeksi. Historitë e përdoruesit shkruhen nga përdoruesit e biznesit për të komunikuar nevojat apo dëshirat e tyre sesi duhet të funksionojë softueri i kërkuar. Historitë e përdoruesit duhet të jenë konçize.

Grafiku i Shpenzimit të Energjive

Një grafik i Shpenzimit të Energjive është një pamje grafike e punës së mbetur në një cikël përsëritje kundrejt kohës dhe afateve. Një grupim i aktiviteteve ose orëve të projektit mund të shprehet në boshtin vertikal, ndërsa koha tregohet në boshtin horizontal. Një grafik i tillë përdoret shpesh për të përcaktuar se kur puna do të përfundojë në një projekt ose në një cikël përsëritje.

Epika

Epika është një grupim histori përdoruesish të lidhura me njëra-tjetrën. Ato konsiderohen gjithashtu si një "histori e vetme e madhe përdoruesish."

CIKLET PËRSËRITËSE

Një cikël përsëritje është një koncept përsëritës i zhvillimit i cili vendos një kornizë kohore të shkurtër për prodhimin e një sërë karakteristikash të softuerit apo historish të përdoruesit. Çdo cikël përsëritje përfshin veprimtari tipike ujëvarë të tilla si *analiza, projektimi, zhvillimi* dhe *testimi*. Megjithatë ato janë të kufizuara në kohë brenda një dritare prej 1-4 javë. Në fund të një cikli përsëritje shqyrtohet progresi së bashku me klientin ose sponsorin dhe ndryshimet e rekomanduara mund të përfshihen në ciklet përsëritëse të ardhme.

LËSHIM PRODUKTI

Një lëshim produkti është një version softueri funksional i cili prodhohet si rezultat i një grupi ciklesh përsëritëse dhe që i dorëzohet klientit ose konsumatorit. Gjatë planifikimit të një lëshimi softueri, ekipet do të shqyrtojnë grafikun e punës së kryer mbi produktin për të organizuar historitë e përdoruesve në lëshimet specifike dhe ciklet përsëritëse të cilat prodhojnë një produkt funksional për klientin dhe konsumatorin.

METODOLOGJIA SCRUM

Metodologjia Scrum është një metodologji përsëritëse zhvillimi që përdoret për menaxhimin e projekteve softuerike. Projektet të cilat bazohen në Scrum nuk kanë një menaxher të veçantë projekti i cili drejton detyrat e ekipit të projektit; ekipi vetë-drejtohet nga anëtarët e ekipit duke u mbështetur në komunikimin mbi dokumentacionin për të ofruar dorëzimin efektiv të projektit.

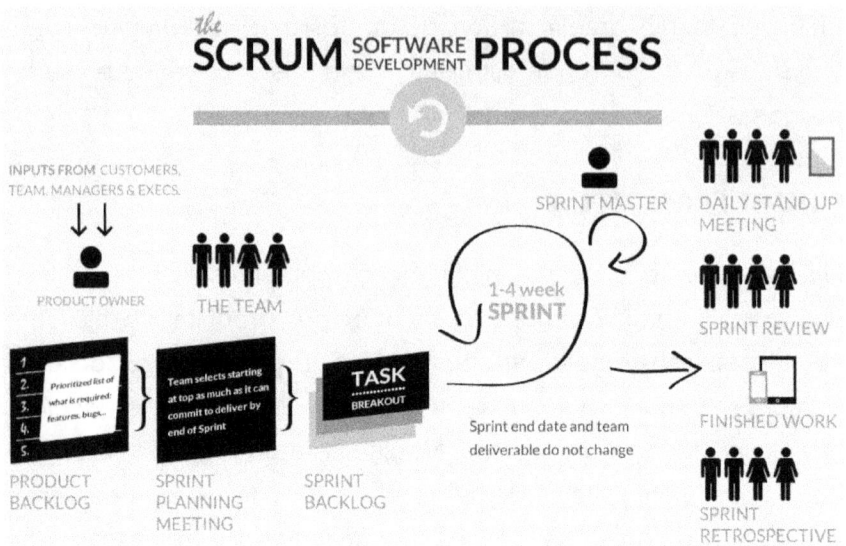

Sprint

Një sprint është një koncept metodologjie Agile i bazuar në Scrum i cili është i ngjashëm me një cikël përsëritje. Një sprint është i kufizuar nga koha për të ofruar një grup të veçantë të historive të përdoruesit si dhe për të prodhuar karakteristika funksionale brenda një periudhe kohe të caktuar. Gjatë planifikimit të sprintit, klienti, konsumatori apo pronari i produktit specifikon prioritetet e historisë së përdoruesit dhe ekipi i zhvillimit angazhohet ndaj objektivit të një sprinti të caktuar. Gjatë një sprinti historitë e përdoruesit mund të hiqen nga fushëveprimi i sprintit por nuk mund të shtohen histori të reja; kjo lejon ekipet e projektit të fokusohen në qëllimet e sprintit dhe të zhvillojnë produktin me shpejtësi.

Pikat e Tregimit

Një pikë tregimi është një metodë relative vlerësimi e cila përdoret për të përcaktuar madhësinë e historive të përdoruesit në mënyrë që ekipet të mund të përcaktojnë sesa punë mund të kryhet gjatë një cikli përsëritje. Pikat e tregimit mund të shprehen në një sekuencë të thjeshtë Fibonacci ose në një numër relativ. Duke mbledhur numrin e historive të përdoruesit me pikat e tregimit të lidhura me to, ekipi i projektit mund të përcaktojë shpejtësinë me të cilën ai mund të planifikojë ciklet përsëritëse në të ardhmen.

DISA KËSHILLA TË FUNDIT

"If we don't take time to learn the lessons of past projects, and moreover act upon them, we will continue to commit the same project management sins again and again."

Duncan Haughey

Asgjë nuk është më e rëndësishme për suksesin e një projekti sesa të kuptuarit e problemeve që ai projekt duhet të zgjidhë. Kërkesat e projektit sigurojnë themelet për këtë sukses. Nëse ekipi i zhvillimit dhe klientët e tij nuk pajtohen mbi karakteristikat dhe aftësitë e produktit, atëhere rezultati më i mundshëm do të jetë një nga ato surprizat e pakëndshme që ne të gjithë preferojmë ta shmangim.

Nëse praktikat tuaja aktuale të nxjerrjes dhe menaxhimit të kërkesave nuk po ju japin rezultatet e duhura, aplikoni disa nga parimet dhe teknikat që përshkruam më lart që ju mendoni se mund t'ju ndihmojnë.

Mbani parasysh gjithashtu këto këshilla mbi kërkesat e një projekti si dhe rëndësinë e tyre në suksesin e projektit:

1. Kërkesat nuk janë gjithmonë të dallueshme dhe ato mund të vijnë nga shumë burime;
2. Kërkesat nuk janë gjithmonë të shprehura lehtësisht apo qartë me fjalë;
3. Ka shumë lloje të ndryshme kërkesash, secila me nivele të ndryshme detajesh;
4. Numri i kërkesave mund të bëhet i paadministrueshëm nëse ato nuk kontrollohen;
5. Kërkesat janë të lidhura si me njëra-tjetrin ashtu edhe me rezultatet e tjera të proçesit të inxhinierisë së softuerit;
6. Kërkesat kanë veti ose vlera vetish të veçanta. Ato nuk janë domosdoshmërisht njësoj të rëndësishme;
7. Ka shumë palë të interesuara në projekt dhe kjo do të thotë që kërkesat duhet të administrohen nga grupet ndër-funksionale punonjësish;
8. Kërkesat ndryshojnë. Gjithmonë dhe vazhdimisht.

INDEKSI

Marrëdhëniet e gjurmëve, 71

Menaxhoni versionet dhe ndryshimet, 161

Përzgjedhja e projekteve për të financuar, 123

Planifikoni kërkesa të mira, 103

Bashkëpunimi dhe pjesëmarrja, 104

Gjurmueshmëria, 42

Lehtësimi i vlerësimeve, 124

Matrica e gjurmueshmërisë, 72

Mbani dhe ruani vetitë e kërkesave, 162

Qartësimi i rolit të, 88

Ripunimi i vendimeve, 135

Analiza e ndikimit, 73

Lehtësoni analizën e ndikimit, 162

Mundësimi i vendosjes së prioriteteve, 124

Përdorni burimet ekzistuese, 114

Taksa e ndryshimeve, 137

Gjurmoni statusin e kërkesave, 163

Historiku i versioneve, 74

Mungesa e vëmendjes, 139

Sigurimi i cilësisë, 107

Zhvilloni një proçes, 93

Komunikimi në kohë reale, 75

Kontrolloni hyrjet dhe qasjet, 163

Mospërputhje në pritshmëri, 141

Rilidhuni me klientët tuaj, 116

Testimi me efektivitet, 125

Ndjekja e statusit të projektit, 125

Ripërdorni kërkesat, 164

Përshpejtimi i zhvillimit të projektit, 126

Afatet e Projektit / Afatet e Punës, 183

Aftësia / Kapaciteti, 48, 50

Agile, 78

Argumentet ekonomike për kërkesa më të mira, 121

Automatizoni gjurmueshmërinë, 76

Baza e Projektit, 182

Blerja e mjeteve për menaxhimin e kërkesave, 129

Caktoni përgjegjësitë, 170

Çështje, 179

Çfarë është KII?, 77

Çfarë është metodologjia Agile e menaxhimit të projekteve?, 79

Çfarë është një Projekt i TIK?, 8

Kërkesat më të mira të projektit, 123

Ciklet Përsëritëse, 86, 190

Cikli i Jetës, 179

Çmitizimi i gjurmueshmërisë, 67

Dërgimi manual i përditësimeve., 137

Mundësi dhe potenciale të mjeteve për menaxhimin e kërkesave, 164

Dymbëdhjetë parimet e metodologjisë Agile, 81

Ekipi i projektit, 184

Eliminoni pesë sfidat kryesore me të cilat ndeshen analistët e biznesit, 132

Epika, 190

Faktorët e suksesit në përdorimin e një mjeti për menaxhimin e kërkesave, 166

Faza e Projektit, 183

Fjalë që tingëllojnë të njëjta, 156

Fushëveprimi, 186

Grafiku Gantt, 178

Grafiku i Shpenzimit të Energjive, 189

Guri Kilometrik, 180

Historia e Përdoruesit, 189

Investimi, 127

Katër praktikat më të mira, 41

Kërkesat, 42, 46, 101, 103, 110, 121, 123, 124, 125, 126, 144, 145, 148, 151, 160, 164, 167, 168, 172, 185, 193, 194, 195

Kërkesat, 148

Kërkesat dhe testimet, 172

Kërkesat negative, 151

Kërkesë për Kuotim, 185

Kërkesë për Propozim, 184

Klienti - Konsumatori, 175

Komiteti Drejtues, 187

Krijimi i një plani të detajuar, 139

Marrëdhënie Gjurmueshmërie, 52, 65, 149, 153, 154

Kthimi i investimeve nga kërkesat më të mira, 127

Kthimi i Investimit, 130

Kualifikuesi, 147

Kufijtë e vlerave, 153

Lëshim Produkti, 191

Logjika komplekse, 151

Manifesti i metodologjisë Agile, 80

Menaxhimi i Ndryshimit të Fushëveprimit, 186

Metodologjia Agile, 172, 189

Metodologjia Scrum, 191

Metodologjia Ujëvarë (Waterfall), 188

mjetet e duhura, 118

Kërkesa ose veti kërkesash, 169

Ndërtojmë një skuadër Agile, 85

.Pesë Kategori kryesore:, 13

Objekt i Dorëzueshëm, 177

Objekti:, 147

Objektivat e performancës., 18

Objektivi, 180

Palët e Interesuara, 187

Parashikimet, 32

Pengesat - Kufizimet - Shtrëngesat, 176

Përdoruesit, 105

Përemrat, 155

Përfitimet, 47, 67, 120, 157, 161

Përfitimet nga kërkesat e mira, 120

Përfitimet nga mjetet e menaxhimit të kërkesave, 157

Mjeti për menaxhimin e kërkesave, 161

Karakteristikat e mjetit, 171

Përjashtimet, 152

Përkufizimi i Projektit (Statuti), 182

Përqindja E Zbritjes, 155

Perspektiva e sistemit, 146

Pesë Sfidat E Planifikimit Agile, 78

Pikat e Tregimit, 192

Pjesa E Dytë, 99

Pjesa E Parë, 11

Plani i Projektit, 183, 22

Plani i Punës (Afatet), 188

Planifikoni Projektin, 13

Praktikat E Menaxhimit Të Projekteve, 11

Prisni një ndryshim të kulturës së punës, 168

Program, 180

Projekti, 20, 39, 85, 133, 161, 177, 181

Pse metodologjia Agile është e vlefshme për këdo, 83

Konsulentët e jashtëm, 129

Rreziku, 185

Menaxhimit të kërkesave, 109

Sfida, 76, 86, 89, 91, 93, 96

Sfidat, 65, 133

Grafiku Gantt, 179

Shtegu kritik, 177

Kërkesa Me Cilësi Të Lartë, 144

Kërkesa të mira, 167

Shkurtesat, 156

Shtegu Kritik, 176

Sinonimet, 155

Sponsori, 187

Sprint, 191

Struktura e Ndarjes së Punës, 188

Supozimi - Supozimet, 175

Terminologji e metodologjisë Agile, 189

Testimet konceptuale, 173

Testimi i kërkesave, 172

Trajnimi i ekipit, 128

Trajnimi, 170

Varianca e Kostos, 176

Vlera e Fituar, 177

Vlera e menaxhimit të kërkesave, 40

Vlerësimi i praktikave, 127

Zgjidhja, 88, 89, 92, 95, 97

Zhvillimi i proçeseve, 128

Zyra e Menaxhimit të Projekteve, 182